U0550593

翻轉學

翻轉學

12週做完一年工作

實踐版

建立屬於你的12週計畫

THE 12 WEEK YEAR FIELD GUIDE

BRIAN P. MORAN
MICHAEL LENNINGTON

布萊恩．莫蘭 & 麥可．列寧頓——著　夏荷立——譯

Contents

THE 12 WEEK YEAR FIELD GUIDE

為什麼你需要「一年十二週」？

歡迎來到《12 週做完一年工作・實踐版》！

在你手中的，也許是你所遇過最有力的目標實現方法。我們與客戶合作十多年來，之所以能幫助客戶取得更大的成就，是由於這套我們精心開發出來的系統。

我們所學到要成為一個傑出的人之所需，幾乎都濃縮在這套獨特的「一年十二週」系統裡。

我們經過多年的反覆試驗摸索才學到的一切，如今都呈現在這裡，供你立即運用。接下來的內容有著豐富的資料，我們會告訴你如何避免最常見的績效陷阱，以及如何運用為高水準表現者所採用、經過長時間驗證的做法。

這可能是你所做過的自我投資之中投資報酬率最高的一種。你將會受到挑戰，要跨出去按你的願景採取行動。你將依據成功的基本法則和紀律重新定位你的生活。你的成果將會隨著一週又一週而倍增。

你將會知道你想為自己的人生創造什麼，也會知道如何去創造它。你會發現自己花在重要事情上的時間越來越多，也將會比你所想的更快實現你的目標。簡單地說，「一年十二週」將實現你的個人突破。

在這本實踐版中，你會發現一系列簡單的練習，這些練習旨在引導你透過一套易於執行的過程，去運用接下來書中所介紹的概念。我們**強力**建議你循序漸進，並鼓勵你盡可能在時間充分且不受打擾的情況下開始練習。

感謝你選擇我們陪你走過這段邁向個人和專業成就的旅程。如果在學習過程中遇到問題，請隨時寫信給我們，我們的電子信箱如下：support@12weekyear.com 。我們還額外提供一些資源來搭配這本實踐版，以確保你能順利開始十二週。如欲取得免費資源，請參考：https://academy.12weekyear.com/fieldguide/

讓我們為美好的十二週乾杯！

加油。

布萊恩 · P · 莫蘭與麥可 · 列寧頓

CHAPTER 0

一年十二週 計畫概述

Overview of the 12 Week Year

本書旨在支援你將「一年十二週」運用在你想要改善的任何一個人生領域。這本實踐版包含工作表和小祕訣，旨在幫助你有效運用一年十二週的法則和紀律，更快實現你的終極目標。

實踐版本身雖是獨立的，但是如果你已經讀過《紐約時報》（*The New York Times*）暢銷書《12 週做完一年工作》（*The 12 Week Year*，以下簡稱《12 週》），一邊參考理論，同時一邊做本書的練習，效果會更好。

本書將從《12 週》第一章提出的一連串問題開始：

1. 為什麼有些人能有很大的成就，而絕大多數人卻連他們能力所及的事情都無法完成？
2. 如果每一天都能充分發揮自己的潛力，你可能會有什麼不同？
3. 如果每一天都能發揮自己最大的潛力，你的人生會有什麼變化？
4. 如果每天都能處於最佳狀態，六個月、三年和五年後，你會有什麼不同？

接下來，你正要展開一段旅程，去探索這些問題的答案！花幾分鐘時間，想像一下處在最佳狀態的你所能取得的成就。用文字摘述於下：

當你開始展讀本書，希望你對自己和「一年十二週」抱有很大的期望。巨大的期望是取得重大突破的第一步。期望越大，你的一年十二週成果可能就越大。

你在做本書中的練習時，請牢牢記住這些期望。

現在一年只有十二週

「一年十二週」起源於久經驗證的運動訓練法「週期化」（Periodization），引申為將執行重點集中在短時間之內能夠推動成果的關鍵活動上。「週期化」是世界頂尖的運動員經常採用的訓練方法，現在經過我們的一番改造，以利你用在個人和專業領域上。

「一年十二週」系統將重新定義你的一年。現在一年有十二週，每逢新的一年你都會有一個新的開始！

請注意，一年十二週與一個「季度」大不相同。季度計畫與執行，都是在一年有十二個月的前提下運作，因而助長了錯誤的信念，那就是「我們多的是時間去完成工作」，從而導致全年的表現不太理想。

一年十二週會除掉這種事倍功半的年度化思維（Annualized thinking）。每一個十二週都是獨立的。十二週**就是**一年，在這十二週當中，「有很多時間」的錯覺消失了。一年十二週將你的注意力集中到在一週和一天之內，執行力就在這段時間之內發揮功效。

想要更深入瞭解為什麼「一年十二週」比年度執行的效果更好，請參閱《12 週》第二章。

三大法則

一年十二週是建立在三大法則的基礎上，這些法則最終決定一個人的效率和成就。這三大法則就是：當責（Accountability）、承諾（Commitment）和卓越的當下（Greatness in the Moment）。

我們來仔細看看每一條法則。

當責

當責就是**自主意識**（ownership）*。它是一種品格特徵，一種生活態度；不論在什麼情況下，都願意自主地為個人的行為和結果負責。當責的本質建立在這樣的理解之上：我們每一個人都有選擇的自由。這種選擇的自由正是個人當責的基礎。當責的最終目標是不斷地問自己：「為了獲得成果，我還能多做些什麼？」（欲知更多有關當責的內容，請參閱《12 週》第八章和第十八章。）

* 字面上的意思是所有權，在法律上是指全面的支配權，在管理學上是指完全擁有一份工作，承擔全部後果。

承諾

承諾是你和自己訂的契約，表示會信守諾言。信守對他人的承諾可以建立牢固的關係；信守對自己的承諾可建立誠信、自尊和成就。

承諾和當責密切相關。從某種意義上來說，承諾是對未來的當責，它是對未來的行動或結果自主負責。

培養做出承諾和信守承諾的能力，對你的個人和事業成就會有很大的影響。一年十二週幫助你培養這項能力，以兌現你的重要承諾，並在關鍵的人生領域有所突破。（欲知更多有關承諾的內容，請參閱《12 週》第九章和第十九章。）

卓越的當下

你是在什麼時候變得傑出？顯而易見的答案是，當你實現遠大的目標，得到他人認可的時候，就變傑出了。然而，你並不是在取得成果時才變傑出的。早在結果出來**之前**，你就變得傑出了。卓越的成就可以在一瞬間發生；在你選擇做你需要做的事以成就自己的那一刻，在你繼續選擇做那些事的每一刻。結果並不是卓越的本質；結果不過是對卓越的確認。

我們每一個人都有能力成為一個傑出的人。成為傑出的人是一種紀律的修練，即使是在你不想做的時候——**尤其**是在你不情願，但還是去做你知道自己必須要做的事的時候。（欲知更多關於卓越的卓越，請參閱《12 週》第十章。）

當責、承諾和卓越的當下，這三條法則構成了個人成就和專業成就的基礎。

五項紀律

一年十二週計畫既涉及你的思維方式（三大法則），也涉及你所採取的行動。在行動層面上，它透過集中在一套有效執行所需要成功的紀律之下培養出能力。

我們發現成就頂尖的人，無論是運動員或是企業界的專業人士，他們之所以傑出，不是因為他們的想法更厲害，而是他們的**執行紀律**做得更好。

採用一年十二週，將幫助你運用這些紀律，以充分利用你當前所具備的知識，促成持續的行動。

- **願景**：用來一年十二週這套執行系統提供動力。一個令人信服的願景使你的個人抱負與職業志向一致，即使你可能「覺得」不想去做，也能幫助你採取行動。《12 週》第三章與第十三章會更進一步告訴你，如何在你的個人生活和職業生涯中，充分利用願景的力量。

- **規劃**：一年十二週計畫始於一個為期十二週的目標，這個目標會激勵你，並且與你的長期願景保持一致。十二週計畫中的每一個目標都有達成該目標所需的策略支持。制定計畫時，請記住「少即是多」。你的計畫越集中，成功的機會就越大。（欲知更多做好一年十二週計畫的相關見解，請參閱《12 週》第四章與第十四章。）
- **追蹤管理（Process Control）**：追蹤管理是由一套工具和活動組成的，這些工具和活動讓你的日常行動與十二週計畫中的目標和策略保持一致。追蹤管理確保你能有效執行策略。參見《12 週》第五章和第十五章，深入探討追蹤管理的概念和工具。
- **評量（Scorekeeping）**：評量驅動你的執行過程，它是穩住現實的定錨。有效的評量提供必要且全面性的回饋，讓你按照計畫進行，去達成目標。（欲知更多關於評量的威力，參見《12 週》第六章與第十六章。）
- **時間利用**：你所完成的每一件事，都發生在你分配給它的時間範圍內。如果你不用心安排你的時間，就無法控制你的結果。有意識地使用你的時間是必要的。一年十二週系統本身就是對時間的不同思考方式。（欲知更多內容，請參閱《12 週》第七章和第十七章。）

每十二週，你將透過「一年十二週」的三條法則和五項紀律（見圖 1.1）的運用，加強個人和團隊的能力。

在你展開你的一年十二週旅程之前，還有最後一點要提醒你。在你所知的與你所做的之間，總是存在著差距。這個差距有時候小，有時候卻很大。問題是，對所有的人來說，都存在一個知與行的差距。

同樣的，這種差距也存在於一年十二週的法則和紀律中。人們往往憑直覺就「知道」。當你自以為知道些什麼，將自己排除在這些領域的新知學習之外，問題就產生了。你很少去評估自己是否做到盡可能有效地**真正運用**你所知道的。不要落入這個陷阱裡。即使一年十二週的每一項紀律和每一條法則看似都很熟悉了，每個人都還可以把它們用得更好。

認真投入，抓住每一次的機會學習並改進，確保你能善用一年十二週的各種要素。

在《12 週》第十二章當中，我們談到一年十二週是一個

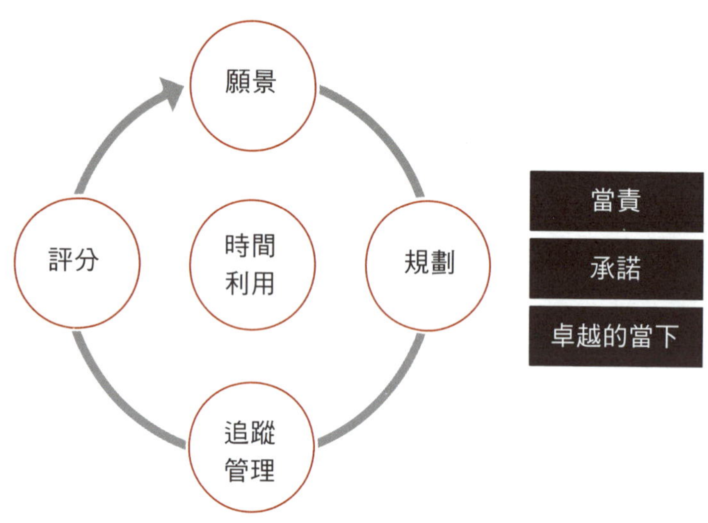

圖 1.1　一年十二週是一個封閉的系統。

封閉的系統。我們的意思是，一年十二週包含目標、想法和動力，是你成就大事所需的一切要素。

將一年十二週引入你的遠大夢想和突破性的想法中，它會幫助你在更短的時間內成就更多的事。投入到每一項紀律的修練中，運用每一條法則，兩者結合在一起將幫你實現比現在更大的成就！

NOTE

CHAPTER 1

成為一個
有願景的人

Becoming a Visionary

這趟一年十二週的旅程，始於五項紀律修練中的第一項：**願景**。

一個令人信服的願景提供你所需要的焦點、方向和能量，讓你能夠得到成非凡的成果。最好的願景會讓你盡量「延展」，亦即它們需要你竭盡所能。如果你想要在任何一件事上表現傑出，老是待在「舒適圈」是行不通的。

你不得不延展，當你一延展，將會遇到阻力。你的舊習慣、舊想法和舊系統都會反擊你。

大多數的改變之所以失敗，是因為需要付出的代價太高。改變的最終代價是什麼？你的舒適。這就是為什麼你的願景會如此重要，它是你在情感上與理智上的「理由」，它是你願意為改變付出代價的原因所在。如果你有一個願景，即使你面對不適也不願意放棄，你就會成為你有能力成為的人。

創造強大願景的第一步是：**想像自己在五年、十年、十五年後，甚至更長遠的未來，你會處於什麼位置**。在你這樣做的時候，驚人的事就發生了。前額葉皮質深處的神經元開始放電，這些神經元與你根據願景採取行動時所激發的神經元是一樣的。當你在想像你的未來，你也在訓練你的大腦據此採取行動，一點也不假。

願景越大越好

創造遠大的願景。願景越大，你的成果就越大。大思維總是走在大成就之前。一個遠大的願景會要求你全力以赴。一個遠大的願景會讓你成就更多你能力所能及的事。

在《12 週》第十三章，我們告訴你，在忙著為自己創造一個遠大願景時，你的思維如何經常性地成為阻礙。如果你手邊就有《12 週》這本書，讀讀這幾頁，了解什麼樣的問題會推動遠大願景的實現，而什麼樣的問題會阻礙你。然後，在你閱讀本書這一章時，注意自己的想法，要將你的願景做大，大到足以發揮你的能力所能成就的人生。

在接下來的練習 #1 之中，你將做一些初步的願景打造工作。這工作聽起來可能簡單，但其實願景的打造可能需要付出相當大的努力。打造願景時，要挑戰你的大腦，去想像甚至擁抱你面前的可能性。這些可能性可能因為不夠直接而無法引起你的注意，或是不切實際，甚或太過大膽讓你不敢考慮，在日常生活中被你推到一旁去！

打造願景的工作無所謂正確或錯誤的答案。請你放輕鬆，屏除干擾，我們開始吧。

練習 #1：想擁有—想要做—想成為

第一個練習是為了「刺激」，讓你思考人生的可能性。玩出趣味來。去夢想那些真正讓你感到興奮的事。

願景是擴展或限制你一生成就的第一站。你的目標是打造一個能夠打動你的延展性願景（Stretch vision），一個結合你的個人抱負與職業志向，並在這兩者之間取得平衡的願景。

請記住，開始的時候你必須抗拒限制性的思維。在你的願景中，你可能要考慮一些遠大且具有挑戰性的元素，這些元素會讓你觸及你自認為的極限。當你考慮到實現願景所需要付出的努力，你甚至會感到有些恐懼或焦慮。不要屈服於這份恐懼。它出於你目前的想法。

當你開始認為自己不知該如何做些實現願景所需要的事情，焦慮就會爬上心頭。這種未知會讓你感到不舒服。那份不適可能會變成焦慮，最終甚至會使你不敢嘗試。暫時放開「我要如何做到這點」（How will I do this?）的想法吧！在本書第二章有關一年十二週的規劃中，將會解決「如何」的問題。

現在，你只需專注於「如果……會怎樣呢」（What if?）這個問題。**如果你能實現你的遠大願景，對你來說會有什麼不同？**對你的家人、朋友、同事、團隊、社區、所屬宗教群體等，會不會有所不同？

為了展開你的願景之旅，你要先做一個「想擁有的—想要做的—想成為的」（Have–Do–Be）的練習。這個練習很有趣，大約需要二十分鐘才能做完！

下表是用於掌握內容。從第一欄「想擁有的」開始。腦力激盪一下，想想生活中你想要擁有的一切，包括物質和非物質的。也許你想要擁有的東西是：一間小屋或第二個家、一個美好的家庭或是財務保障。然後進一步延伸你的思維，包括那些遠遠超出你舒適圈的東西，像是一架私人飛機或是一座島，甚至是太空中的家園。

最後，你會看見有些東西很重要，它會進入最後的清單，成為你願景的一部分，有些則不會。現在，去延展就對了。努力將我們所提供的空間填滿。完成「想擁有的」這一欄之後，在「想要做的」和「想成為的」這兩欄中重複同樣的過程。

準備好了嗎？我們開始吧。

夢想、希望和願望

▼ 想擁有的	▼ 想要做的	▼ 想成為的

請注意，這個練習所得出的結果並**不是**你的願景。它只是一張清單，上面列出了你的人生中想要的東西；你還沒有對任何一件事做出承諾。不過，如果有幾項出現在不只一欄當中，它們很可能會出現在你的最終願景中。

將完成的這份練習放在手邊，下一個練習是你的長期願景，到時候還會用到它。

練習 #2：人生願景

是時候該做出承諾，為未來五年、十年、十五年，甚至更久以後打造一個人生願景了。

做這個練習的時候，從你那張「想擁有－想要做－想成為」表列中挑選出來。如果你覺得還有別的事情也很重要，請把它們寫進去。大膽一點，勇敢一點；打造一個激勵你去實現目標的人生願景。

這個練習無所謂正確或錯誤的答案——這是你深深渴望追求的人生。現在，讓我們開始打造你的長期願景：

▶ 人生願景

下一步是擬出你的三年願景，這又分為兩部分，一部分是你的個人目標，另外一部分是你的職業目標。

你的三年願景代表你打下的地基，它是有時間限制的，比你的中長期願景更具體。它代表你朝著實現長期願景方面的進展，定義著「從今天開始，三年後傑出的你」會是什麼樣子。它可能包含長期願景的組成要素，也可能含有一些需要充實細節的元素。

練習 #3A：三年的個人願景

既然你已經開始思考人生中的可能性，讓我們來具體分析一下。

在下面的空白處，首先填入你的年齡，從現在算起三年後的年齡。時間正在流逝！

接下來，決定你希望三年後自己的生活是什麼樣子。不妨從以下右邊的選項，或是你能想到的任何一方面去考慮。

▶ 三年的個人願景　　三年後的我是______歲

配偶 | 家庭 | 健康 | 心靈 | 社交 | 財務 | 知性 | 情感 | 生活方式

練習 #3B：三年的職業願景

既然你已經多少清楚自己希望在三年後的個人生活是什麼樣子，那麼我們來看看你的職業願景。

- 你的職業願景應該與你的人生願景保持一致，並促成人生願景的實現。
- 你的職業願景應該要在財務上支撐你的人生願景，它還應該提供你想要的空閒時間。
- 此外，你的職業本身應該是令人愉快且有成就感的。
- 你關注的領域和你選擇從事的工作，應該傾向最能夠支持個人生願景的。

請思考以下問題：

如果你是一個工作者	如果你是一個創業者
• 你理想的職業是什麼？ • 你在哪些方面表現出色？ • 你能創造什麼價值，能帶來什麼改變？ • 你在哪裡會感到最充實？ • 你期望有多少收入？ • 你會有多少休閒時間？ • 你會擔任什麼職位／扮演什麼角色？ • 你會領導別人嗎？ • 你的團隊會是什麼樣子？	• 你要在什麼地方經營企業？ • 你會成立很多據點嗎？ • 你的目標市場是什麼？ • 你的理想客戶是什麼樣子？ • 你能提供的優惠是什麼？ • 你會有多少客戶？ • 你的服務模式是什麼？ • 你要如何行銷？ • 你將以轉介推薦為主嗎？

▶ 三年的職業願景

對於待在年度化（Annualized）組織中的人，或是規劃了年度個人重要目標的人來說，另外一個有用的步驟是「打造十二個月的願景」。

將你的年度目標視為**從此刻起的四個十二週願景**，往往是有幫助的。十二個月的願景應該與三年的願景方向一致，並確實取得進展，以達到三年的願景目標，它還應該描繪出「從此刻起十二個月後傑出的你」是什麼樣子。

練習 #4：十二個月的願景（選填）

在未來十二個月結束時，你的個人生活和職業生涯會是什麼樣子？確認你需要達成的進度，確保自己能按照三年願景和長期願景計畫進行，具體如下：

▶ 十二個月的願景

關鍵行動

這時候你已經打造出你的願景，也做過一番檢查，避免犯那些常見的錯誤。下面是讓你的願景更具威力的四個關鍵行動步驟：

Step 1 與他人分享

透過願景的分享，你等於對它做出承諾。將你想要什麼樣的人生告訴對你很重要的人，往往會讓你覺得自己的責任更重大，必須去行動。

Step 2 與你的願景保持同步

把它印出來或影印一份，隨身攜帶。每天早上回顧一遍。如果有可以讓它更生動、更有意義的方法，就更新一次。建議你做一張一年十二週的願景與承諾卡。

Step 3 將你的願景與日常行動連結起來

每一天都是一個機會，要嘛你的願景有所進展，要嘛在原地踏步。如果你都按與願景一致的計畫在工作，就可以確保你每天的行動都是在做最重要的事。

Step 4 刻意求進取

每天結束的時候，花幾分鐘時間檢討一下今天的進展。它是否推動你前進，還是充滿了與願景無關的活動？下定決心，刻意在你的願景上取得進展。明天你將採取什麼行動呢？

現在，有了願景可以激勵自己，是時候該展開令人興奮的旅程了，即擬出通往未來夢想的路線圖：你的一年十二週計畫！

本章重點整理

☐ 1 | 正視願景的力量

有些人——尤其是 A 型人（指更具競爭性、較為急躁、缺乏耐心、更重視時間管理的性格特質），認為願景是虛無縹緲的東西。以這種角度看待願景的人往往會跳過目的，直接付諸行動。然而，當情況變得困難的時候，如果沒有能令人信服的理由，沒有一個具説服力的「為什麼」，你就很難長期堅持對這份工作的承諾。與此一陷阱相似的行為還有：沒有把你的願景放在眼前時時提醒自己、你的計畫與願景未能保持一致、你不記得願景的內容等。

☐ 2 | 賦予願景個人意義

有時候，我們在打造願景的時候流於膚淺。我們抓住自以為想要的東西，或者我們認為自己應該會想要的東西，而不是抓住對我們「有意義」的東西。打造願景需要時間。繼續努力吧，直到找到與你能產生情感共鳴的願景為止。

☐ 3 | 願景要夠大

太小的願景無法激勵我們盡最大的努力，使得我們不需要延展自我，也不需要犧牲自己的舒適。願景小固然容易實現，但是你也就失去全力以赴、發揮最大潛力的機會。你的願景應該讓你覺得不舒服，應該挑戰你以不同的方式去做，或做不同的事情，這樣才能發揮最大的效果。

CHAPTER 2

立定目標
與
擬定計畫

Establishing Your Goals and Building Your Plan

為了建立你的「一年十二週」，你需要訂出具體的十二週目標，然後擬定一套十二週的策略計畫來實現這些目標。

以你的願景為指導方針，為即將到來的一年十二週計畫，設定一個（或多個）具體且可評量的目標。這些目標應該代表你在實現三年的個人願景和事業願景，以及十二個月的年度願景（如果有的話）這些方面的實際進展，它本身還應該帶來一種刺激的感覺。

如果你發現自己需要的不止一個目標，請記住這點：「少即是多」。你需要集中精力，這點很重要。

關於一年十二週，我們的理念是這樣的：**讓我們只做成果出色的關鍵幾件事，而不是做了許多事，表現都平平**。很多時候，我們承擔了太多任務，超過自己能力所及，最後精力都被分散掉了。

一旦你的十二週目標明確且集中，我們就會展開第二步，即制定一個策略計畫來實現這些目標。在這個階段保持簡單是最好的辦法。每一個目標，你都要確定你所需要採取的「關鍵少數」行動（策略），每一個都必須有助於去實現你的目標。撰寫這些策略時，要寫清楚你所需要採取的行動。

以目標為出發點

圖 2.1 是一個「十二週計畫」的範例。撰寫你的十二週計畫時，如果有需要，可以參考這個範例，它可以提供你指導，幫助你。在這一堂課當中，你將努力制訂出一套類似的計畫。這世界上沒有所謂的完美計畫。抓住你最好的想法；有需要的話，你可以等到以後要執行計畫時再去修改。

十二週目標

- 在十二週結束時，達成 200 萬的業績目標
- 在十二週結束時，目標體重 84 公斤

你的計畫目標應該符合以下要素：你想要 (1) 立即改善且 (2) 有所進展以實現願景的關鍵領域

十二週計畫	
目標 1：達成 200 萬的業績目標	
關鍵行動／策略	**預計完成週數**
將所有潛在客戶輸入聯絡清單	每週
每週安排 10 場會面	每週
每週至少約見 8 場初步會談	第 2-12 週
每週安排 4 次，每次 2 小時的客戶開發時間塊	每週
找出 12 個影響力中心（COI's，指關鍵意見領袖）	第 1-2 週
每週會見一個影響力中心，並請求對方提供名單	第 3-12 週

十二週計畫	
目標 2：目標體重 84 公斤	
關鍵行動／策略	**預計完成週數**
每週跑步 3 次，每次至少跑 5 公里	第 2-12 週
每週游泳 2 次，每次最少游 30 分鐘	第 3-12 週
找一個住在附近的運動夥伴，一起運動	第 1 週
與夥伴定出一份適合彼此的運動時間表	第 1 週
飲酒聚會限制在週五和週六晚上，一晚最多 2 杯	每週

你的策略應包含為完成目標所需採取的關鍵行動。

圖 2.1　十二週計畫範例

十二週計畫要寫得好，在結構上有兩個層次：

1. **十二週目標**：這是十二週結束時你想要達成的「目標」，它與你的願景相連，代表你為了完成願景打算在這十二週內取得的進展。雖然你可能有好幾個目標，但是請記住一點：「少即是多」，你的計畫越集中，你的效率就越高。
2. **每週策略**：這些是完成每個目標的「方法」（你將會採取的行動）。策略將指引你每週該做的工作，幫助你採取行動。如果策略寫得好，將會大大提高你實現目標的機會，因此撰寫策略的方式很重要。

一般來說，我們認為：把你的目標視為結果（這是你無法控制的），把你的策略視為行動（這是你**可以**控制的），這是有好處的。

計畫的寫法會對你的執行效果有很大的影響。目標和策略寫得含糊不清或是寫不好，會對你造成阻礙。同理可證，一個目標的十二週計畫結構合理，內容既清晰又精確，從而讓你執行起來會更容易。接下來是幾個小祕訣，幫助你確保目標是為了導向成功。

如何制定有效的目標

要做到真正有效率，制定目標時可遵循五個標準：

標準 #1 目標必須具體且可評量

一定要將每個目標達成的樣貌量化和質化。確切地說，你會賺多少錢？你會減掉幾公斤？你能訂得越具體越好！

標準 #2 正面陳述每一個目標

一般來說，把重點放在你希望會發生的正向事情上，這樣才有意義。舉例來說。如果你最初的目標是「達成誤差率2%」，其實你對誤差並不感興趣，你感興趣的是**準確度**。請重新描述這個目標，將它改為「達成準確率98%」。

標準 #3 確保每個目標都是合理又具有挑戰性的

如果你只需做一點點的改變就能達成目標，那麼你可能需要多點挑戰性；如果你的目標是絕對不可能達成的，不妨稍微退後一步，讓它變得可行一點。

標準 #4 納入當責

掌握自主權，主動對自己的每一個目標負責。如果必要時，你不願意犧牲自己的舒適來實現你的目標，那麼一開始就不要把這個目標放入你的計畫中。

標準 #5 要有時間限制

沒有什麼比一個最後期限更能夠讓事情動起來，並且保持下去。務必要訂出達成目標的期限。

我們要再說一遍：**計畫的建構和寫法對你的執行影響很大**。目標模糊不清或是寫得不好，會阻礙有效的執行。同樣的，一個建構良好的目標是清晰且精確的，執行起來也更容易。

下面你會看到幾個範例，這些範例的目標都符合這幾個重要的標準，都寫得很好。

- 範例 1：「減重 4.5 公斤，目標體重 84 公斤。」這個目標符合所有的標準：它是具體的、可評量的、正面陳述的、合理又具有挑戰性、有時間限制（在十二週內），並且隱含著當責（你必須為自己負責）。

- 範例 2：「在十二週內做到 200 萬的業績。」同樣的，這個目標符合所有的標準。

好的目標會成為有效執行的支持。如果目標寫得好，會讓你更容易確定策略；如果目標模糊，那麼確立有效的策略，就會變得更加困難（如果不是不可能）。

好了，**現在輪到你了。**

下面幾頁是一份「一年十二週計畫工作表」。請花時間來制定你的目標，寫在工作表的空白處。在這個過程中，你可能需要做一些編輯、說明和微調。我們為什麼要在此給你一個機會，先寫下你的目標，然後在你的十二週計畫草案中再重述這些目標，原因就在這裡。

規劃一年十二週時，務必不要讓自己承擔過重的工作，以免有分散的危險。記住，寧可只做**少數**幾件事，表現都很出色，也不要做**很多**事，表現都平平。一般來說，我們建議目標只需一到三個，不可再多。

十二週行動計畫工作表

在（　　／　　／　　～　　／　　／　　）的十二週內，

我將達成：

▶ 目標 1

▶ 目標 2

▶ 目標 3

阻礙、挑戰和解決之道

考慮這些目標時，請花幾分鐘的時間寫下最有可能阻礙你在這十二週內實現目標的兩到三件事。

請兼顧內部因素和外部因素。內部因素諸如容易分心、恐懼或是缺乏知識；外部因素則有可能是工作上的優先順序衝突、休假時間安排或是人手不足。

思考在這十二週內可能阻礙你的事情，並找出解決方法，解決計畫中的這些因素，提高你的勝算。例如，如果你有兩週的假期要休，你可能會想要做這樣的策略安排：將休假時間與預計完成計畫的時間錯開；或者如果你很容易分心，你可能要考慮如何讓自己與外界隔絕而不受到干擾。

以下是你在這十二週期間內可能遇到的挑戰和解方，請將它寫下來。

十二週目標：

可能遇到的阻礙或挑戰	解決方法

十二週計畫的策略

首先要決定你剛才在上面所列出的十二週目標中，有哪些會放進你的十二週計畫中。記住，**少即是多**。

對於你決定追求的十二週目標，每一個都要經過微調，以符合前面講過的五個標準，然後在第 52 頁的空白計畫表中重新寫下目標。

下一步確定達成每個目標所需要的最少策略，不需要多。建議你為每個目標製作一張心智圖（Mind-Map），幫助你確認用以實現該目標的潛在策略。

如果你熟悉心智圖那套腦力激盪法，就會知道它能產生想法的威力之大。許多人傾向於以線性方式解決問題：步驟 a、步驟 b、步驟 c，如此這般，以此類推。這種線性方式會限制創造性想法的數量。使用心智圖可以避免線性思維的限制，還可以獲得更多創造性的思維，而「突破」正是來自於創造性的思維。如果你不懂心智圖那一套，不妨下載心智圖的程式試試看，不過你真正需要的其實是空白的紙張，每一個十二週目標寫一張。

圖 2.2 所顯示的是以「減重 4.5 公斤」為目標的心智圖，你可以拿它當作範例參考。在這個例子中，有四大重點面向：

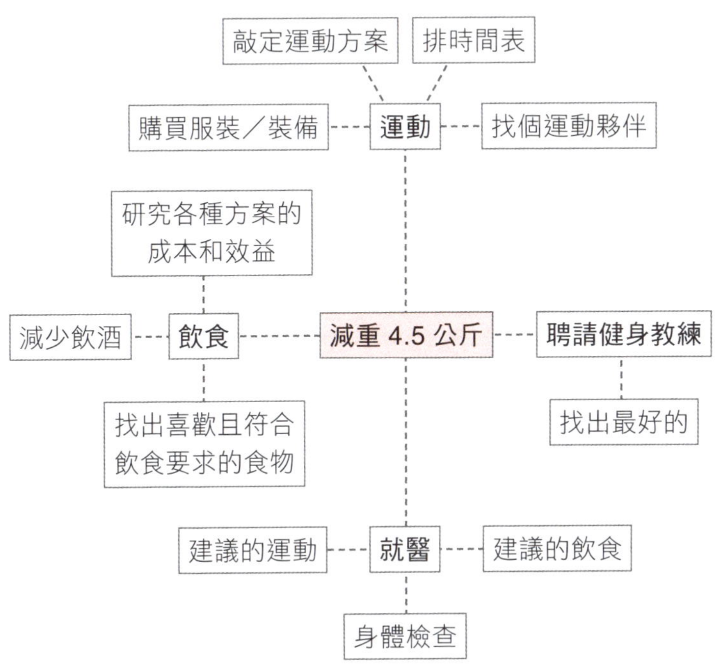

圖 2.2 減重 4.5 公斤的心智圖

運動、飲食、教練和就醫。每個主要的面向再延伸出一些相關的想法。

請記住，每張心智圖都是不一樣的：它們反映的是你的腦力激盪。如果你的心智圖不像範例那樣有條有理，也別擔心。事實上，這些圖可能找不出清晰可辨的條理，重要的是抓住你的想法。

首先，找一張白紙，在中央寫下你的目標。在下面的例子中，這個目標寫的是「減重 4.5 公斤」。接下來是發想，想想為了實現這個目標你所能做的一切行動，將這些想法寫在中心目標的周圍，再將它們圈起來，視為特別的想法。彼此相關的想法，就畫線連起來（參見圖 2.2）。把所有的想法都寫下來，稍後再去縮小它們的範圍。此外，也別擔心需要把它們變成行動，只需要抓住這些想法即可。

建構心智圖時，你可能會卡住好幾次，但最有創意和最猛的想法往往是在卡關一、兩次後產生的。耐心點，你即將找到實現目標所需的策略。

一旦為每個目標發想完行動的點子，就挑出其中最有影響力的，然後重新撰寫，以符合寫出優秀策略的標準。

首先，從你的心智圖中選出最好的點子（對實現目標影響最多的點子）。你很可能不需要全選。事實上，少即是多（聽起來很耳熟吧）。如果只需要執行心智圖中最有力的那個想法就能實現你的目標，那麼在這裡就停下來。如果不行，再添上影響第二大的；如果只要這兩個就夠了，那麼到此為止即可。還是不行，再繼續下去，直到你有足夠的正確策略去達成你的目標，再停下來。

以前面的減重 4.5 公斤為例，選出來的策略如下（參見圖 2.3）：「運動」、「排時間表」、「找個運動夥伴」、「敲定運動方案」、「飲食」和「減少飲酒」，但這仍不算是寫得很好的策略，還需要再多做點加工。

現在該來改寫這些想法，以符合寫出良好策略的標準：

- **標準 1**：符合精心編寫的十二週目標標準。
- **標準 2**：以動詞開始，寫成一個完整的句子。
- **標準 3**：可以在預計完成工作的那一週內按所寫的去執行，不需要做大量的前期工作。
- **標準 4**：訂出頻率和預計完成的日期。

以下是從圖 2.3 中選出來的目標和想法，經過重新編寫，現在都符合了好目標和好策略的標準。

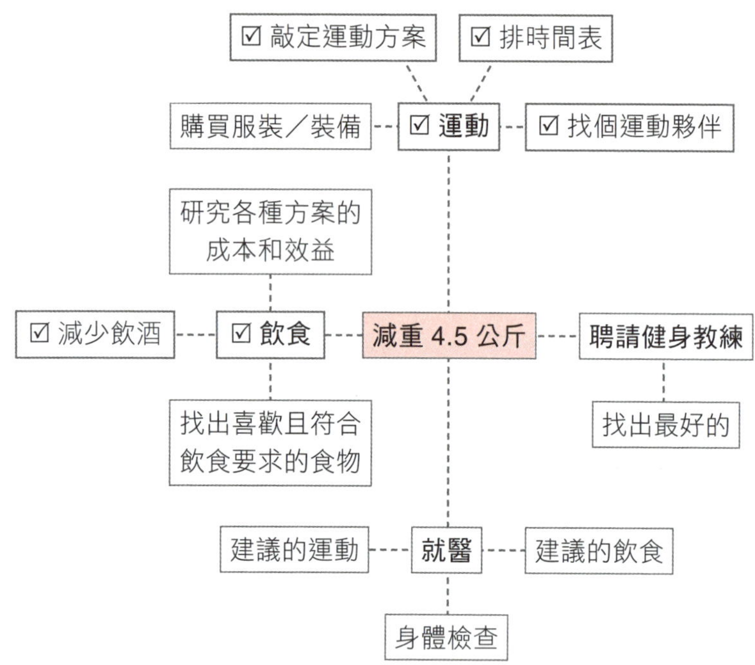

圖 2.3 減重 4.5 公斤心智圖（修正版）

十二週目標：在十二週內減重，目標體重 84 公斤

- 策略 1：在第二至十二週執行，每週跑步三次，每次至少跑五公里
- 策略 2：在第三至十二週執行，每週游泳兩次，每次至少三十分鐘
- 策略 3：在第一週執行，找一個住在附近的運動夥伴
- 策略 4：在第一週執行，與運動夥伴訂出一份適合彼此的運動時間表
- 策略 5：在第一至十二週執行，將飲酒聚會限制在週五晚上和週六晚上，一晚最多喝兩杯

這些策略還可以用其他方式來寫。有時候，心智圖的一個想法還可以分成兩個以上的策略（例如將「養成運動習慣」變成「游兩趟」和「跑三次」）。而有的時候，心智圖上一個想法所用的策略還可以再縮減。重要的是，寫出符合上述標準的策略。

即使你有最好的想法，擬出來的策略也不見得能按照你想的那樣運作。最好的辦法是一邊執行計畫，一邊觀察事態發展，再根據需要調整十二週計畫。

十二週計畫

目標 1：

關鍵行動／策略	預計完成週數
1	
2	
3	
4	
5	
6	

要達成此目標，你可能還需要從旁得到哪些支持或協助，來提高成功的機率？

十二週計畫

目標 2：

關鍵行動／策略	預計完成週數
1	
2	
3	
4	
5	
6	

要達成此目標，你可能還需要從旁得到哪些支持或協助，來提高成功的機率？

十二週計畫

目標 3：

關鍵行動／策略	預計完成週數
1	
2	
3	
4	
5	
6	

要達成此目標，你可能還需要從旁得到哪些支持或協助，來提高成功的機率？

為確保你在執行計畫的過程中能充分利用你的願景，花幾分鐘時間掌控目前的十二週目標，如何能讓你在實現願景上有所進展。

在十二週之內，你可能無法做到所有的願景都有進展，但是想想你的十二週目標如何幫助你持續朝著長期的願景前進，透過這樣的思考，有助於即使在你**執行力較低**的時候，也能採取行動。

本章重點整理

□ 1 | 十二週目標要符合中長期願景

重要的是，你的十二週目標和計畫要符合你的長期願景，同時也是長期願景的延伸。在設定目標的時候，一定要確定目標與你的願景有所連結。你需要設定在這十二週結束時必須達成的進度，才能跟上你的願景。

□ 2 | 聚焦少數關鍵領域

聚焦是關鍵。如果設定太多目標，到頭來會有太多的優先事項和太多的策略，反而無法有效執行。不可能每一件事都是優先事項。你需要拒絕一些項目，才能在最重要的項目上表現出色。將注意力集中在幾個關鍵領域，這一點需要勇氣。記住，每十二週就是全新的一年。

想像一下，如果每十二週你都能聚焦在一至兩個關鍵領域，並且滿懷激情和專注去執行，一年後會發生什麼事？在一個十二週結束時，繼續找出接下來值得聚焦的新領域。

一年十二週計畫旨在幫助你專注於少數關鍵領域，並在短時間之內取得顯著的進展。

□ 3 | 少即是多

針對每一個目標，找出八到十個甚至更多的策略（行動）來「推動它」，這種情形並不少見。在大多數的情況下，將你所能想

到的每一種策略都付之實踐，反而是沒有必要的，事實上還可能是一種阻礙。儘量擠盡腦汁發想，把你所能想到的策略都寫出來可能是有用的，但這並不意味著你必須把所有的策略都用上。

太多的策略會使你分身乏術，讓你感到不知所措。不過，從另一個角度來看，策略無所謂「正確的」數量。就如你的目標一樣，少即是多。如果你用四種策略就能達成目標，就不需要用五種。盡量發想，想出所有的策略，然後從中選用最關鍵的幾個去做就好。

□ 4 | 保持簡單

規劃這項任務可能會變得非常複雜。有的公司裡面甚至有專門負責擬戰略計畫的部門。為了達成一年十二週的目的，請保持簡單。如果你覺得計畫變得太複雜了，很可能就是真的太複雜了，請專注於少數關鍵領域，以及你可以採取哪些行動來實現你的目標。

□ 5 | 具有個人意義

你的計畫必須根據你最重視的項目而訂，否則到了執行階段，它對你的吸引力會太小。很多時候，人們常常是以「別人覺得重要的目標」去制定計畫。雖然你的計畫執行起來並不複雜，但是也不見得就容易。如果你的計畫對你沒有什麼意義，執行起來就會很費力。務必專注於最重要的領域。

CHAPTER 3

做出並履行十二週的承諾

Making and Keeping 12 Week Commitments

承諾是一年十二週計畫中三大法則的第二個，它被定義為「在情感或理智上受到某種行動約束的狀態」。承諾是一種有意識的決定，決心採取具體行動來製造一個預期的結果。

承諾的威力強大。從某種程度上來說，承諾是你對未來的責任。你事先決定將不惜一切代價去達成你的目標。你的責任心越強，越有可能兌現你的承諾。

承諾：名詞，指在情感上或理智上受到某種行動約束的狀態。

在我們的生活中不乏這樣的例子，可以看出承諾的威力之強大：當我們鎖定一個目標或標的，願意不惜一切代價去實現它的時候。回想一下你也曾經那樣的時候：當時你有什麼感覺？達成目標的感覺如何？它是否讓你對實現其他目標的能力有了不同的感覺？

承諾如何影響你的日常決定和行動，尤其是在你忍不住想要放棄的時候？

承諾是一種威力強大的工具。信守對「他人」的承諾可以建立關係。信守對「自己」的承諾可以培養誠信和自尊。在這本實踐版中，我們將重點放在信守對自己的承諾上。

信守承諾的好處

現在就花幾分鐘的時間，想想你曾經對自己做出且履行的兩個承諾。把這兩個承諾紀錄在下面。

1. ....

....

2. ....

....

現在想想，當你履行這些承諾的時候所得到的結果是什麼。你的感覺如何？由於信守這些承諾，你是不是更容易做出且信守其他的自我承諾？你對自己的能力有什麼感覺，是否能做到不惜一切去獲取成果呢？

將你的想法寫在下面：

....

....

....

....

很多時候，承諾會因為踐諾的時間拉長而變得更加艱鉅。任何事情要做到承諾一生是很難的。即使是信守一整年的承諾也是充滿挑戰。在一年十二週的計畫中，你不需要許下一生或一年的承諾，只需要做出**十二週的承諾**。做出並履行十二週的承諾，要比許下一整年的承諾可行多了。在這十二週結束時，你將重新評估自己的承諾，重新開始。

經由做出並信守十二週的承諾，可加強你貫徹履行自我承諾的能力，這樣就可以為你的人生創造真正的突破。

下面是一張「承諾工作表」。對大多數人來說，他們的十二週計畫主要著重在他們的事業或職業。你也可以利用這部分的承諾，處理你希望能有所進展的個人領域。

請遵循這四個簡單的指示，完成下面的工作表：

承諾

1. 決定數個能夠代表你真正有所突破的個人**目標**，這些目標要能夠歸入承諾之輪（Commitment Wheel）中的類別（心靈、伴侶／關係、健康、個人、事業或家庭）。將這些目標填入標示為「目標敘述」這個欄位中。

   記住，要**正面陳述**這些目標，例如：「我希望自己的體重是〇公斤」，而不是「我希望減掉〇公斤」。

2. 找出能讓你達成目標的**關鍵行動**。在上面的例子中，「我希望自己的體重是〇公斤」，你可能會選擇限制熱量攝取或每天健身。從中選一個你認為對實現目標影響最大的行動。

   要注意的是，我們的意思不是這是你非採取不可、唯一的行動，而是**影響最大**的一個行動。在理想的情況下，這是你每天或每週都能投入的行動。在標為「承諾的行動」這一欄中，為每個目標寫下一個行動。

3. 考慮每週採取該項行動需要支付的**成本**，並填在「成本」一欄中。例如，每天健身的代價可能包括：放棄看電視或打高爾夫、少了與家人相處的時間，或是必須早起。飲食的代價可能包括：放棄一些愛吃的食物、減少外出用餐的次數，或是吃少量一點。

4. 圈選出你願意付出代價去「承諾的行動」，它們將成為你在未來十二週的承諾。

承諾之輪

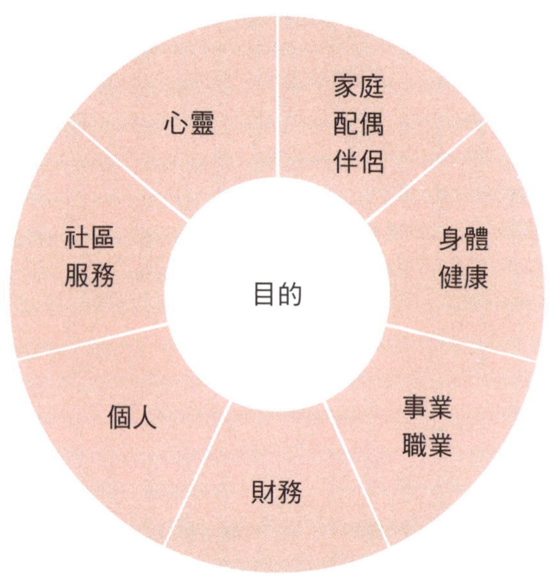

不管是選擇在哪一個領域努力耕耘，一個人的生活品質與他對追求卓越的決心成正比。

——美式足球教練文斯．隆巴迪（Vince Lombardi）

一年十二週是一套系統，你可以將它用在人生的任何一個領域，去實現你的目標。你在考慮想要列入承諾的目標時，請看一下上圖的分類。在你生活中的任何一個領域，如果進展順利，都可以成為我們能量的泉源；如果沒有達到我們期望的標準，則會消耗我們的能量。

花幾分鐘時間，確定幾個你有興趣改進的領域，利用這些領域來完成下面的表格。

承諾工作表		
目標敘述	承諾的行動	付出成本
舉例：我希望體重是 80 公斤	每天健身	減少睡眠時間，即使很累也要做

本章重點整理

□ 1 | 即使未能履行承諾，也不要放棄

有時候，人生難免會遭遇阻礙，使你無法兌現自己的承諾，不但讓自己失望，也讓別人感到失望。發生這種情況時，重要的是要馬上重新振作起來。不要放棄！

□ 2 | 勇於面對未履行承諾的事實

承諾可不是一旦事情變困難就放棄的隨口說說。履行承諾的過程中，受到阻礙無法兌現的時候，重要的是深入探究**原因**。立即面對問題，並重新承諾付出代價。這樣一來，就能提高你在未來做出並履行承諾的能力。

□ 3 | 重視自己說過的話

有時候，你會許下無法兌現的承諾。很多時候，我們在做出承諾之前就已經知道自己做不到了。我們在應該說「不」的時候說「好」，以此避開短時間內的關係緊張。問題是一旦你違背諾言，就會破壞彼此的關係。人們會開始覺得無法信任你。如果你重視信守諾言，就會避免做出自己不能或不會遵守的承諾。

NOTE

CHAPTER 4

建立
追蹤管理

Installing Process Control

追蹤管理是利用一套工具和活動，幫助你執行計畫，在這十二週之內堅持下去，包括週計畫（Weekly Plan）、每週責任會議（Weekly Accountability Meeting, WAM）、每日晨會（Daily Huddle）、十二週主題和慶祝活動等。

追蹤管理的每一項要素都是建立在對改變的研究上，它會幫助你以最佳狀態去執行計畫，克服在前進時所遭遇到的障礙。

週計畫

在每一週的開始，你要制定一份週計畫，其中包含根據十二週計畫中本週應採取的行動（策略）和承諾。

週計畫簡單而有效地將整個十二週計畫轉化，變成更容易管理，也更集中焦點的每日行動和每週行動，因此是一套威力強大的工具。它是安排和推動你一週的工具，實際上，它會成為你這七天的「行動計畫」。

週計畫並不是一份「待辦事項」清單；相反的，它反映的是你為了實現十二週目標，本週所需要採行的**關鍵活動**。週計畫的各個部分涉及驅動業績與生活平衡的核心要素。

每一週結束的時候，你要根據自己的十二週計畫提出一份週計畫（參見圖 4.1）。好消息是，我們會在本書的書末提供空白的週計畫工作表給你，包含一份「十二週行動計畫」（即你的十二週計畫），以及十三份的週計畫。

十二週目標
• 在十二週結束時，達成 200 萬的業績目標 • 在十二週結束時，目標體重 84 公斤

十二週目標	
目標 1：達成 200 萬的業績目標	
關鍵行動／策略	預計完成週數
將所有潛在客戶輸入聯絡清單	每週
每週安排 10 場會面	每週
每週至少約見 8 場初步會談	第 2-12 週
每週安排 4 次，每次 2 小時的客戶開發時間塊	每週
找出 12 個影響力中心（COI's，指關鍵意見領袖）	第 1-2 週
每週會見一個影響力中心，並請求對方提供名單	第 3-12 週

十二週計畫	
目標 2：目標體重 84 公斤	
關鍵行動／策略	預計完成週數
每週跑步 3 次，每次至少跑 5 公里	第 2-12 週
每週游泳 2 次，每次最少游 30 分鐘	第 3-12 週
找一個住在附近的運動夥伴，一起運動	第 1 週
與夥伴定出一份適合彼此的運動時間表	第 1 週
飲酒聚會限制在週五和週六晚上，一晚最多 2 杯	每週

第 1 週計畫與評分卡		
目標 1：達成 200 萬的業績目標 目標 2：目標體重 84 公斤		
關鍵行動／策略	執行者	執行日
將所有潛在客戶輸入聯絡清單	BM	週一
每週安排 10 場會面	BM	週二
每週安排 4 次，每次 2 小時的客戶開發時間塊	BM	週三
找出 12 個影響力中心（COI's）	BM	週四
找一個住在附近的運動夥伴，一起運動		週一
與夥伴定出一份適合彼此的運動時間表	BM	週二
只在週五和週六晚上飲酒，一晚最多 2 杯	BM	每天

時間塊	時間
策略時間塊	每週二 8:00-11:00am
緩衝時間塊	每週一 7:30-8:00am 每週五 4:30-5:00pm

每週評分卡

完成的策略／策略總數 ×100= 你的執行力百分比

7 ÷ 9 ×100= 78 %

圖 4.1 你的週計畫（右頁）是出自十二週計畫（左頁）。

第 1 週計畫與評分卡		
目標 1：達成 200 萬的業績目標 目標 2：目標體重 84 公斤		
關鍵行動／策略 （關鍵行動與預計完成的時間）	執行者	執行日
將所有潛在客戶輸入聯絡清單	BM	週一
每週安排 10 場會面	BM	週二
每週安排 4 次，每次 2 小時的客戶開發時間塊	BM	週三
找出 12 個影響力中心（COI's，指關鍵意見領袖）	BM	週四
找一個住在附近的運動夥伴，一起運動		週一
與夥伴定出一份適合彼此的運動時間表	BM	週二
飲酒聚會限制在週五和週六晚上，一晚最多 2 杯	BM	每天

STEP 1 十二週目標

在這份週計畫和評分卡中，你會看到自己的十二週目標。在我們舉的例子中，蘇珊的目標是達成 200 萬的業績目標。

STEP 2 關鍵行動／策略

這部分包含根據你的十二週計畫規劃出來的關鍵策略，且預計於本週完成的項目，還有你個人的承諾。

時間塊 （訂出本週的時間塊）	時間
策略時間塊	每週二 8:00-11:00am
緩衝時間塊	每週一 7:30-8:00am 每週五 4:30-5:00pm

每週評分卡

完成的策略／策略總數 ×100= 你的執行力百分比

7 ÷ 9 ×100= 78 %

如果沒有執行計畫，擁有抱負或願望也毫無意義。——無名氏

STEP 3 時間塊

這個部分記錄的是你的策略時間塊和緩衝時間塊。欲知有關時間塊劃分的細論，可繼續往下讀（詳見本書第六章）。

每週花幾分鐘時間，利用我們所提供的工具規劃你的一週。

這些部分結合在一起，就構成你每週的週計畫。每一週，你根據自己的十二週計畫擬出一份書面的週計畫。週計畫是你邁向成功之路的簡易路線圖，包含了確保你能及時完成實現長期目標所必需的關鍵近期活動。

儘管在達成目標的過程中，會遇到讓你分心的各種事物和干擾，然而，週計畫會提示你在當週的每一天針對最重要的任務採取行動。它是你每週執行紀律修練的重要組成部分。

每週責任會議

如果你在網路上搜尋「同儕支持」（Peer Support）一詞，你會看到一頁又一頁能在困難時期提供幫助的網站。同儕支持是經過證實行之有效且威力強大的方法，這方法可以提高成功的機率；不僅是在困難時期如此，在機遇時期也是如此。

同儕對你的思維、行動和結果產生極大的影響力。同儕指的是你認為在重要方面，如行業、業績水準、觀點和價值觀，與你相當或相似的人。同儕可以提供你寶貴的見解，加強你根據這些見解採取行動的動力。

每週責任會議（The Weekly Accountability Meeting，簡稱WAM）則是運用同儕支持這個概念的有力方式，是追蹤管理的關鍵要素。每週責任會議的時間很短，通常是在每個人都有機會規劃他們的一週之後的週一早上舉行。這個會議為時約十五至三十分鐘，旨在培養個人的責任感。這不是一場懲罰性的會議，試圖在會上「追究個人的責任」，並對表現不穩的人施加負面的後果。相反的，每週責任會議是讓每個人對自己負責的會議。

你需要選擇兩、三個人，可以和你一起開會每週責任會議。選擇會議夥伴時，請選擇目標明確，願意提供支持的人。

每週責任會議可以面對面開會或是在電話上開會。在這裡舉一個簡單的例子，說明每週責任會議的議程：

- 個人匯報
  →結果：實際結果與目標結果
  →每週執行力得分
  →哪些策略奏效？哪些策略執行有困難？以及本週的行動承諾
  →小組挑戰、回饋、鼓勵
- 收尾並確定後續行動

與會的每一位成員都要準備好向小組報告各項目標的得分狀況，該週各項目標平均得分多少，領先指標和落後指標顯示出來的進展，以及針對上一週發生的事，本週會做什麼？

為了達到最佳效果，會議應訂出一套每個人都能接受的開會規則。建議你將自己的十二週目標和計畫與會議小組的成員分享，釐清你希望他們在每週開會時關注哪些方面。

我們有一個客戶訂出一套會議章程，在這裡舉出幾條規定：「在沒有正當理由的情況下，只允許缺席一次」、「每個成員都必須簽署會議章程，才能成為成員」，會議小組對開會的過程非常認真，結果也非常可觀，小組成員是全公司業績表現最好的。

花幾分鐘時間，將你希望會議小組成員遵守的規則寫下來，以確保會議能為與會者創造價值。

針對變革的研究顯示，如果你每週參加一次會議，與同儕一起檢討計畫進展和你的執行狀況，長期堅持下來，執行計畫的可能性要高出**七倍**。

人們置身在對等的群體之中時，這種令人難以置信的「堅持到底」就會大增，原因在於人們傾向於根據意圖來評斷自己，如果個人執行不力，往往會對自己**寬容有加**。然而，同儕看不到你的意圖。既然他們不知道你的意圖，就只能評估你的結果。如果你執行得不好，他們就會逼你去面對：你說你要做的事和你真正做到的事兩者之間的差距。這是令人不舒服的，而這種不適會促使你採取行動。

每週責任會議關注你的行動和你的結果，促使你對自己誠實。當你知道下週將與同儕會面，檢討你在本週所做的事，對你的行動會產生積極的影響。如果下週有責任會議，你更可能付出額外的努力去完成本週的事。

身為每週責任會議的一分子，你有義務逼迫並支持其他成員。如果有人沒做好準備，要有勇氣請他們出去，摸清他們的意圖，然後再回來。如果會議成員中有人得分不高，問清楚是什麼原因讓他們無法執行，以及本週他們打算做些什麼不一樣的行動，才能重新步入正軌。

你必須不斷地克服想要與人為善，不讓小組成員感到不舒服的欲望。請記住你們加入每週責任會議的初衷，是為了幫助彼此達成十二週的目標，而不是來交朋友的。

如果有人不完全誠實，或是不能全權自主，想想看你**能**做什麼，而不是抱怨他們**沒有**做什麼。詢問他們的回饋和想法。在會議上，承認你的表現失常，真誠地尋求小組成員的意見。

每日晨會

每日晨會是一場為時五分鐘的站立會議，每天早上第一件事就是開會，最好是安排在同一時間召開。通常我們一說要做每日晨會，都會招來反對的聲音。「我們太忙了！」「太瘋狂了！我們已經有太多沒有成效的會議了！」不要被嚇倒。我們說的是一個花費時間相當於上一次廁所的會議。

每日晨會的成員以三人以下的效果最好。每日晨會的議程很短：討論昨天完成的事和今天打算完成的事就好。

十二週主題

十二週主題是一個組織性的主題，不僅與你的優先事項和目標一致，還會強化你的優先事項和目標。

一個好的主題有助於產生興趣、保持專注，並鼓勵採取行動。最有效的主題是出自你的十二週計畫。主題範例包括：「擁有它」、「面對恐懼」、「個人最佳成績」、「感恩」和「一流服務」。理想的情況是，這個主題會喚起一些情感上的激動和連結。主題好壞的關鍵是，它要能激勵人心。

我們來腦力激盪，集思廣益，想出幾個十二週的主題吧！盡情發揮！你能想出什麼來？在下面列舉出幾種可能：

很好！現在，該實際**選出**你的第一個十二週主題了。它會是什麼呢？

▶ 我的十二週主題

....

....

....

....

慶祝活動

透過一年十二週，我們把每十二週視為一年。就像過去每一年結束時一樣，十二週結束後我們也會放假，同時慶祝一番。在《12 週》這本書中，有一章用來討論第十三週。第十三週是彈性週，用來規劃下一個十二週和慶祝當前這十二週的進展與成就。如果你一直在掙扎前進，可能難以大肆慶祝；相反的，如果你這十二週有了突破性的進展，那麼也許你可以休息一整週。

每一輪的十二週結束時是獎勵自己工作的時候。

花個幾分鐘時間，決定在這十二週結束時你想要如何慶祝。找出你認為有激勵作用和具啟發性的事情，也就是真正的獎勵。

▶ **為了肯定我這十二週的辛勤工作和成就，我要用以下方式獎勵自己**

我們所慶祝的、所肯定的，都是在對自己和別人強調我們所重視的東西。這可能不明顯，但「慶祝」是構成一套良好執行系統的重要部分之一。

我們有許多客戶都有意充分利用慶祝的力量。有一個客戶在成功完成一年十二週之後，會抽出一週的時間去科羅拉多州（State of Colorado）滑雪，如果正好是非滑雪的季節，就只是遠離工作去逍遙一下。

其他的慶祝活動則是低調的，例如與家人一起過一個長週末，或是來個「宅度假」（staycation，指在家中或附近度假），放鬆兼充電。有時候，我們的客戶會用一份對他們別具意義的「禮物」來犒賞自己，但前提是他們必須達成十二週的目標。想想你一直想要的東西（也許是列在「想擁有的—想要做的—想成為的」清單上的東西，請見第一章），並計畫給自己獎勵。

對於一個團隊來說，關鍵是要找到一個能讚賞並激勵整個團隊的慶祝活動。我們有一個客戶會辦一場頒獎典禮，表揚在這十二週內表現最好的人。

保持專注

不要被追蹤管理的各種工具所淹沒！你沒有必要在一年十二週的第一週就將所有的工具和活動都用上。更可行的辦法是每週或每月增加一個活動，直到你充分掌握這套系統為止。

不過，追蹤管理之中有兩個工具是你每週例行性工作（Weekly Execution Routine）的一部分，這個例行性工作是十二週的每一天所不能少的——那就是你的「週計畫」和「每週責任會議」。

下一章我們介紹過評量方法後，會再回到這兩種工具，將一切組合起來。

本章重點整理

□ 1 ｜每週都要做週計畫

我們都希望每一週都能迅速起步，提高一整週的生產力。對許多人來說，週一是充滿壓力的一天，從一開始就感覺到進度落後了。通常在一週的開始，我們很容易一頭栽入電子郵件、電話等種種可能等著我們去做的事情裡。想要順利展開新的一天是很自然而然的事。通常，我們會直接處理電子郵件、語音郵件等，種種可能等著我們去處理的事情。

除了一頭栽入當週的工作中，還有很多事情會妨礙我們執行週計畫，比如消極的心態。你有過下面任何一個想法嗎？

- 「你沒時間做」：你覺得自己實在是太忙了，以後再去做，但是「以後」永遠不會來。
- 「你不需要它」：誤導你的是這個想法：你是例外，你不需要一份週計畫。瞧瞧時間過得有多快！
- 「你不屑用」：你認為週計畫是給初學者用的，像你這樣的人是不需要的。
- 「你早就知道了」：你認為已經知道自己需要做什麼， 所以把它寫下來或規劃沒有什麼幫助。
- 「你不想負起責任」：對某些人來說，週計畫會令他們產生一定程度的不舒服，原因出在只要他沒有做到自己該做的事，週計畫就會不斷地提醒他們這一點。

本章重點整理

□ 2｜不要選擇太多任務

週計畫並不是將你所做的一切都納入其中，而是只納入十二週計畫中的關鍵策略項目。你應該單獨列一張表格，寫上待辦事項和回電清單。不要把你一天當中所做的層次較低的活動全部放入計畫中，這只會稀釋你的計畫。週計畫應該只保留關鍵項目和承諾。

□ 3｜週計畫不會完全相同

許多人所犯的另一個錯誤就是假設每一週的活動都一樣，於是他們擬了一份週計畫，然後每週複製貼上。的確，你的計畫很可能有許多週看起來很相似，但是不太可能這十二週以來，每週預計完成的活動都一樣。即使你是統計學上的例外，每週花個五到十分鐘來安排你的下一週，也會有很大的好處。

□ 4｜不要每週新增策略

請記住，週計畫本質上是十二週計畫的十二分之一。你偶爾可以在週計畫中增加一個策略。但是這種事不該經常發生。絕大多數的新策略應從一開始就該放進十二週計畫中，然後再順著進度納入每週的週計畫中。留意這點，可以防止你陷入緊急卻不見得有效的活動中。

□ 5｜將週計畫作為一天的指引

一旦定好你的週計畫，你需要每天去用它，按計畫追蹤執行的進度和完成度，保持持續做著實現目標最重要的活動。每天早上第一件事就是查看你的週計畫，一天中查看一到兩次，在你回家之前也要檢查一次。

當你學會依據週計畫來規劃自己的日常行動，那時候你就會開始體驗到真正突破性的表現。

□ 6 ｜成為你每天的習慣

我們每個人都有一套例行工作。例行工作是持續成功的重要因素之一。請你現在就下定決心，將週計畫納入你每日和每週的例程。

CHAPTER 5

評量

Scorekeeping

評量會推動執行。它是現實的錨。為了創造最好的結果，你需要每天、每週和每月追蹤自己的一年十二週結果。如果沒有評量，就沒有辦法在運作出問題的時候迅速做出反應，以確保你能達成十二週的目標。

評量告訴你，你做得如何——你的行動如何影響這個世界。如果沒有有效的指標，你會缺少做出明智商務決策所需的重要訊息。為使一年十二週能為你所用，你需要同時評量**領先指標**和**落後指標**。領先指標顯示的是朝向最終結果的早期進度評量，落後指標往往指向最終結果。

當你意識到一週相當於一年十二週系統之中的一個月，追蹤領先指標和落後指標的必要性是顯而易見的，失去一個星期就是損失一個月，所以一定要追蹤你的數字！

第一步是定出一套混合領先指標和落後指標的**關鍵評量**。對銷售目標來說，良好的領先指標和落後指標組合範例可能是：轉介（領先指標）、詢問（領先指標）、銷售金額（落後指標）、銷售數（落後指標）和訂單數（落後指標）。領先指標和落後指標都很重要，但不要被太多的指標所迷惑。只需從中挑出最重要的一、兩個來追蹤就好。

如果你想減肥，每週運動時數可能是一個很好的領先指標；腰圍大小或減掉的體重公斤數可能是一個很好的落後指標。追蹤這些指標，你可以確定每週是否有希望達成目標，或是無法達成目標。

在下面寫下你為每一個目標定下的領先指標和落後指標。

▶ 目標 1：

領先指標（進度早期的評量）

1. ....

2. ....

3. ....

....

....

落後指標（進度後期的評量）

1. ....

2. ....

3. ....

....

....

▸ 目標 2：

領先指標（進度早期的評量）

1. ....

2. ....

3. ....

....

....

....

落後指標（進度後期的評量）

1. ....

2. ....

3. ....

....

....

....

▶ **目標 3：**

領先指標（進度早期的評量）

1. ....

2. ....

3. ....

....

....

....

落後指標（進度後期的評量）

1. ....

2. ....

3. ....

....

....

....

每週執行分數和領先指標評量												
週數	1	2	3	4	5	6	7	8	9	10	11	12
每週分數	80	70	65	75	85	90	85	87	82	80	75	84
平均分數	80	75	72	73	75	78	79	80	80	80	80	80
首次會面數	4	6	3	0	6	4	2	7	3	12	0	1
迄今首會數	4	10	13	13	19	23	25	32	35	47	47	48

落後指標評量												
目標 1 $	500	380	795	1670	100	564	0	823	1100	453	200	763
累計金額	500	880	1645	3315	3415	3979	3979	4802	5902	6355	6555	7118

圖 5.1 記錄領先數字和落後數字的範例。

建議你每週追蹤領先的數字和落後的數字，放在你（和你所帶領的團隊，如果有的話）可以經常看到的地方。我們有許多客戶使用白板來做紀錄。如圖 5.1 顯示的範例。

在這個範例的上方，追蹤每週執行力得分和領先指標（與潛在客戶首次會面）；在下方追蹤的是落後指標（成交額）。透過對這些數字的追蹤，可以知道自己每週的表現狀況。

第二步是追蹤你每週的策略執行狀況。除了關鍵評量之外，你還需要評量你的**執行效率**。建立一個評量標準，讓你了解自己每週的策略執行情況，是至關重要的一步。這是因為比起對結果的掌控，你對自己行為的掌控更大。你的十二週成果是由每日和每週行動創造的。為了確定你每週的執行力得分，請計算在某一週應完成策略的百分比。如果有十項策略應完成，而你執行了其中八項，那麼你那一週的得分就是八〇%。

執行率八〇%

我們發現，如果你在十二週之內每週平均完成八〇%以上的策略，一般來講，你將會達成你的目標。

第三步是必須**留心**。每週花些時間來檢視你的指標，表現是否失常？你的領先指標進展是否良好？你的落後指標是否同

步，預計能達成十二週目標？你需要做什麼來維持現況或是重新步入正軌？

分數不是一切

記錄每週的平均分數，並且每週更新。如果你的分數不錯，得分平均在八〇％以上，而你的領先指標和落後指標卻未來到應有的水準，請改變你的計畫；如果你的得分不高，先不要改變你的計畫，相反的，要確定是什麼原因讓你無法執行計畫並完成策略。

一旦確定你的指標並且每週追蹤，以下提供一些讓指標發揮作用的技巧。

- 在每週責任會議上檢討你每週的得分和取得的成果（領先指標和落後指標）。
- 承諾每週都要有進步。也許你無法在一週內從四十五％提高到八〇％，但是你可以從四十五％提高到五十五％。
- 請記住，**低於八〇％的分數不見得是壞事**。六十五％的分數可能表示在過去十二週以來的活動有所改善，它只是意味著你沒有發揮自己的最佳狀態，而且實現目標的機率較低（相較於執行力達八〇％以上）。

- 別怕面對數字所告訴你的事情。如果你不願意面對事實，你將永遠無法改變現實。

檢視每週執行結果

如果你每週都對自己的執行狀況評分，並且每週追蹤每個目標的領先指標和落後指標，那麼一年十二週將會為你提供你所需要的一切，讓你一週比一週更好。你每週的評分數字將展現出四種不同情況（圖 5.2）。

- **情況 1**：你的策略執行率高於八〇％（＋），而且你的領先指標和落後指標**都能**跟上十二週目標（＋）。
- **情況 2**：你的策略執行率不到八〇％（－），你的領先指標和落後指標也**未能**跟上十二週目標（－）。
- **情況 3**：你的策略執行率高於八〇％（＋），但是領先指標和落後指標**未能**跟上十二週目標（－）。
- **情況 4**：你的策略執行率不到八〇％（－），但是你的領先指標和落後指標**都能**跟上十二週目標（＋）。

評量讓你在這十二週之內每一天都能按照計畫進行，專注於最重要的活動。上述每一種情況都需要你採取不同的行動，將實現十二週目標的可能性提高到最大。接下來我們會針對每種情況提供更多指引及建議的行動。

每週得分	領先指標 & 落後指標評量
+	+
−	−
+	−
−	+

圖 5.2 每週執行結果的四種情況。

情況 1（＋＋）

這顯示出你正在執行計畫中的策略（八〇% +），你的計畫策略正在發揮作用（從你的領先指標和落後指標來看，有希望達成目標）。這是你每一週都想要的情況。如果你在第十二週處於這種情況，就意味著你已經達成目標，這十二週表現的相當傑出！你的成績很好，有希望達成十二週的目標，接下來的一週裡，你只需繼續執行！

在這種情況下，重要的是不要自滿。有時候，當事情進展得很順利，你的表現可能會開始下滑。你會覺得很舒適，把你的腳從油門上移開，然後衝力也緩下來。放慢速度之後再要恢復速度，比保持穩定的高效速度要難。

情況 2（－－）

這種情況可能會讓人感到沮喪，甚至會有點喪氣。你的意圖是極好的，但是你執行了計畫的策略，卻沒能達到你預想的結果。

通常在這種情況下，人往往傾向於改變計畫，但這是個錯誤之舉！因為你還沒有按照這個計畫行事，還不知道計畫是否有效。

在這種情況下，第二種常見的誘惑就是放棄你的計畫和規畫好的一年十二週，畢竟你之前的表現並不是**那麼**差。但這是最糟糕的做法。這是唯一一個保證你鐵定無法實現十二週目標的行動。

相反的，檢討一下表現失常之處，以及要如何處理——這時候的重點是你的策略執行。找出沒有執行或逃避執行的策略，重新承諾要在本週執行這些策略，就有可能取得八〇％的分數。

這裡有幾個提問也許可以幫助你：

- 你是否迴避一、兩個策略？
- 你是否一直隨身攜帶週計畫，並每天查看好幾次？
- 你是否在每一天之初就規劃好這一天？
- 每一天如果沒有完成策略，你是留下來做完還是回家？
- 不執行計畫的時候，你在做什麼？

情況 3（＋－）

如果你的執行效率達八〇%以上，但是你的領先指標和落後指標沒能按照實現十二週目標所需的速度移動，那麼你的狀態應該很快可以讓你得到更好的結果。在每週的執行過程中，最困難的部分通常是在你的策略上取得好成績。要想取得好成績，往往需要努力工作，還得願意接受不舒服。每週的得分顯示的是你願意按照計畫工作，但你的計畫並沒有發揮作用。

如果你的分數沒有灌水，你的領先指標會有足夠的時間來反應；假如你也沒有一直逃避某一特定的策略，那麼你需要採取的行動是修改計畫，才能達到所期望的結果。也許你需要增加活動，也許你需要改進你的技巧，讓你的過程更有效率（添加策略，例如致力於提升推銷話術、改善你的健身方式、抽出更多的時間去學習等等）。

一年十二週是一套學習系統。我們是成年人，透過迭代

（嘗試錯誤法）學習。你設定一個十二週的目標，擬定一套你認為可行的計畫，然後你去執行它。結果不如預期，因此就回到計畫裡去調整吧。

如果你改變計畫，會發生這兩種情況的其中一種：你的改變有了結果，你的目標開始有了進展，或者你仍然沒見到領先指標和落指標反映出足夠的進展。如果你有足夠的進展，那就太好了！如果沒有，請繼續調整你的計畫，直到它能達標。這需要有解決問題的意願。但是只要你不放棄，總會迎來一個突破性的時刻。放棄是唯一的失敗。

情況 4（－＋）

這是一個不尋常的情況。你沒有按照計畫行事（除非你在評分時，對自己太過嚴苛），但仍然在實現你的目標。

通常，造成這種結果的是下面三個原因的其中一種。第一個原因是你很幸運，有什麼事情發生了，所有的好事或大部分成果都落在你身上。也許你完成了一生當中最重要的一筆交易；也許有貴人出現，買下你所有的庫存；也許市場行情上揚。不論是哪一種情況，建議你要嘛提高你的目標，以反映這起幸運事件，或是在心中把它從你的結果剔除，依舊執行你的計畫。雖然好運氣讓你感覺很好，但它不是一個長期事件，如果你要靠運氣，你得承擔未來面臨失敗的巨大風險。

可能發生這種情況的第二個原因是，你的計畫難度比你實現十二週目標所需要的大得多，執行力不到八〇%就足以達到目標。在這種情況下，建議你調整計畫，使它更符合實現目標所需的條件，才不會面對士氣低落的風險。

第三個常見原因則是你根本不相信自己的計畫，你都在做別的事來推動你要的結果。在這種情況下，建議你用新的策略取代原計畫中的策略。這樣一來，由於書面的計畫比腦海中的計畫更有成效，你還可以不斷調整你的計畫，讓它更有效，讓自己更成功。

每週執行例程：一週、一週又一週

現在我們已經完成了前面承諾的追蹤管理與評分，我們來解釋所謂的每週執行例程（Weekly Execution Routine, WER）。

每週執行例程是一個結合了追蹤管理和評分要素的流程，有三個步驟，如果應用得當並充分投入其中，幾乎可以保證你能實現十二週目標！

你的一年十二週計畫將你的策略安排在特定的一週完成，

而不是在特定的一天完成。這是因為一般來說，如果你是在星期五而不是星期二完成一項策略，這並不重要。相反的，當你讓策略從這個星期延後到下一個星期，問題就出現了。如果這種情況發生太多次，你就會讓自己陷入失敗的境地。這就是為什麼「一週」對執行一年十二週而言是嚴格的考驗。每週執行例程讓你每週都能按部就班，朝著你的目標前進。

Step 1　計算上週得分

在每週結束時（或週一早上第一件事），為你這一週的執行力打分數，同時更新每個目標的領先指標和落後指標，以反映你取得的成果。最好是在新的一週開始前完成這項工作。

每週評分卡

完成的策略／策略總數 ×100= 你的執行力百分比

___ ÷ ___ ×100= _____%

評分有助於你為每週責任會議做好準備（見下文的步驟3），並評估下週需要關注的領域。也許有缺陷需要修正，也許有成就需要慶祝，也許你需要趕上進度，也許這週你需要取得更好的成績，也許你只需要繼續努力。

由於我們很難去面對表現失常，評分有時會是一項挑戰，但是請你記住這點，如果你無法去評量它，就無法管理它。評分不僅能支持有效的執行，它還能讓你專注於有效的地方，還有需要改進的地方。

這裡提供一個建議，事先準備一份成果摘要，以便在每週責任會議上能有效利用時間。另一個建議是找出上一週的成功經驗。

Step 2 寫下或印出你的週計畫

完成前一週的評分之後，就可以為本週擬定新的計畫了。你需要根據你的十二週計畫訂出一份週計畫，其中包括本週應完成的所有策略，加上上週未完成的策略，也要在本週補上，以實現你的十二週目標。如果你每週都有承諾，你也要把這些承諾納入每週的計畫中。

Step 3 參加每週責任會議

帶著你的計畫和評分參加每週責任會議，並且準備好以你個人事業和人生的執行長這個角色做報告。匯報內容一定要包含成就、經驗教訓、分數以及本週計畫的內容。如果本週你需要加強執行，務必要讓參加會議的夥伴知道本週你承諾要做什麼，才能重新步上正軌。 如果你在上週的會議上許下任何承諾，務必要對小組成員更新你的進展。

每週執行例程的這三個步驟簡單而易行。不過，不去做更簡單、更容易。但是承諾每週運用一年十二週裡面的這些工具，結果會令你感到驚奇。

每週執行例程幫助你在一年十二週的每一週持續執行你的計畫。如果想更進一步了解每週的執行情況，請參閱本書第八章。

CHAPTER 6

有意識地使用時間

Using Your Time Intentionally

如果你每天都能完成更多生活上和事業上的重大項目，而且一直持續有所進展會怎麼樣？會有什麼不同嗎？三個月後、三年後，你會是什麼樣子？

我們的**績效時間**（Performance Time）是一套獨特的時間塊管理（time-blocking）系統，協助你將時間分配給最重要的事情。運用這個概念，只要短短一週，你就會開始看到成果，而且可能會覺得自己比過去幾年以來，更能掌控自己的時間。

績效時間（也就是時間利用）是一年十二週之中五大重要的紀律修練之一。與其他四項紀律——即願景、規劃、追蹤管理和評量結合起來，就構成一套經驗證行之有效的執行系統的一部分。

我們人生所能成就的一切都發生在時間的框架裡。唯有花時間去做重要的事，才能做成大事。成功的基石之一，就在於你能夠把時間花在最重要的事情上。可是，我們經常聽到客戶說這種話：「我沒有時間考慮策略。我太忙了！」他們的意識想著：「我想做我覺得重要的事。」但是他們的行動卻在說：「我的時間被別人和外部事件所控制。」不願意改變自己行動的人，將很難實現他們的願景。

建設性信念與行動

建設性信念 #1　你的時間和別人的時間一樣寶貴

明知道時間的價值寶貴、時間有限，有趣的是，幾乎所有人都很難做到如自己所希望那樣有效利用時間。有許多與我們合作的創業型客戶，在賺取收益的自然欲望驅使下，只要一有機會，就會不假思索地放棄他們預先規劃好的時間表，去滿足潛在客戶與客戶的要求。他們反覆這樣做，似乎沒有考慮到這樣做對業務的長期影響。實際上，本可以用來打造自己更好未來的時間，卻花在建設別人的未來之上。我們也在其他客戶身上見到類似的行為，讓緊急的機會或別人的要求把他們從預先規劃的活動中拉走。

歸根結柢，我們有許多客戶把別人的時間看得比自己的時間還重要。要想有所突破，你必須認知到一點，要把自己的時間看得至少和客戶的時間一樣重要。只有這樣，你才能建立你的事業，有趣的是，同時也能改善你的客戶服務。

建設性信念 #2　你無法做完所有的事情

阻礙有效的執行其中一件事，就是相信自己可以完成所有的工作。我們假定只要自己做得夠快、夠努力，或者時間夠長，就可以完成所有的事情，那我們就不需要對自己所從事的活動排出優先順序來。不幸的是，事實並非如此。最近有一項研究發現，不論任何時候，美國一般專業人士的辦公桌上，始終都有超過四十個小時未完成的工作！這意味著無論我們多麼賣力，**工作永遠都做不完**。

除非我們認清這個簡單的事實——那就是我們無法把工作做完，否則我們將繼續在錯誤的信念之下工作，誤以為最終我們總會趕上進度，「最後」總會做那些重要的事。我們將會繼續把所有的時間都用在日復一日發生的緊急活動上，推遲那些雖具戰略性但不是那麼緊迫的工作，也就無法創造事業上的突破，最終則無法創造我們渴望的生活。

建設性信念 #3 從優先、能賺錢、有成果的項目先做起

「你現在所做的事情可以改變未來。」

如果你經常推遲戰略性的工作，去完成雖緊急但價值較低的活動，那麼你需要一個辦法，在每週抽出時間去做順序最優先的活動。如果你認為自己可以先處理緊急事件，最後總會做完重要的事情，那麼你很可能永遠碰不到那些戰略性的事情。認為「明天、下週或下個月開始，我會開始建設我理想的未

來」，這種想法是錯誤的。你將來要過的未來就是你現在——此時此刻正在創造的未來。

建設性信念 #4 突破需要從你的舊「系統」中突圍

如果能控制你的時間，你就能控制結果。

取得突破並不是漸進的。在你的結果出現突破之前，你需要徹底改變自己的工作方式。對某些人來說，突破性成果可能意味著收入增加二〇％或獲得升遷；對其他人來說，這可能意味著他們的業務程成長翻倍；對另一些人來說，突破可能是休假時間更多，卻能繼續提高收入。無論是哪一種情況，創造突破都需要願意改變使用時間的方式。

這幾種表現的提升聽起來可能令人感到振奮，但是如果你已經接近當前系統承載的極限，你可能會忠實地感受到，一週之中實在沒有足夠的時間來「突破」。

我們的客戶經常認為創造更高的業績對別人來說是有可能的，對他們自己來說卻是不可能的。很多時候，他們覺得自己已經太賣力了，一想到還要更努力工作才能賺到更多的錢，實在是沒有吸引力。他們甚至對成功可能有一種恐懼，這份恐懼說：「我目前的系統無法應付隨著更大的成就而來的活動。」

對我們來說，我們必須按比例努力工作以賺取更多的錢，這種想法就像常識一樣。然而，恰恰是這種想法限制了我們所能成就的人生。

建設性行動 擬出高效週模板並付諸實行

好消息是，在我們的客戶之中，每年賺一百萬美元的不會比賺十萬美元的辛苦十倍。事實上，有時候他們做的更少！這怎麼可能呢？

你可能知道或是聽說過，有些人已經克服了自己的系統和思維的突破障礙。他們已經解決了時間「問題」，找到一種新的工作方式，可以提高自己完成重要事情的能力。不幸的是，知道別人能做到這一點，與真正改變自己每天管理時間的方式，這兩者之間有很大的差別。

事實是，如果你不改變自己目前使用時間的方法，你就不會有所突破。

「為了得到不同的結果，就得用不同的方式去做事，做不同的事情。」

當我們邁出重要的第一步，並且承諾將時間花在重要的事情上之後，接下來我們必須知道如何去做。每次只要我們開始採取新的行動，如果能夠將新的行動視覺化，對我們會有幫助。說到時間的分配，我們將不得不去想像新的時間分配會是什麼情況，不得不拿出一份「高效週模板」（Model Workweek）。

績效時間是我們與客戶合作開發出來，一套突破性的時間塊管理系統。它透過有意識地使用你最寶貴的資產，也就是你的時間，讓你能夠像個人事業和人生的執行長一樣運作。承諾和運用績效時間的能力是個人領導力的一種體現。如果你的人生是抱著有效利用時間為目標，在帶領身邊人的這件事上你會更有效率，更快建立你的事業與個人成就。

「高效週模板」有三個組成部分：策略時間塊（Strategic Block）、抽離時間塊（Breakout Block）和緩衝時間塊（Buffer Block）。這三個時間塊中，每一個都是為了幫助你能更有效地完成關鍵活動。除了這三種以外，你還需要安排時間塊來執行其他重要、反覆發生的活動。

我們來仔細看看每一種時間塊吧。

三種時間塊

策略時間塊

策略時間塊每週至少要安排一次三個小時的時間。為了有效起見，策略時間塊一次應該安排三個小時（而不是三個一小時的時間塊），而且不應受到干擾，例如：撥打電話或接聽電話、應門或回覆電子郵件。

一個有效的「策略時間塊」應用於專注在**最重要的活動**上，這些活動需要不受干擾。典型策略時間塊的議程可能是：(1) 檢討你這份一年十二週的進展，確定是否有表現失常的地方及其原因，並確定解決問題的策略；(2) 制定關鍵的計畫策略。我們發現策略時間塊關係著是否能有效運用一年十二週的三大因素之一。

你的策略時間塊應該安排在一週的前幾天，這樣一來，萬一它被打斷或是取消了，你才有時間重新安排。它還應該安排在你的工作活動通常最少的時候。

記下可以在策略時間塊中做的一些具戰略意義的重要事情（別忘了十二週計畫中的策略性策略）。

▶ 策略時間塊的活動

1. ....

2. ....

3. ....

4. ....

緩衝時間塊

緩衝時間塊的時間長度為三十到六十分鐘，每天安排一次或兩次，一般是安排在每天的同一時段。緩衝時間塊的目的在幫助你更有效率，也更有效地完成所有緊急但不太重要的事情。緩衝時間塊的實際時間端視電子郵件、電話、干擾等，通常是你需要處理的「行政事務」的數量而定。

在這些時間塊中，你可以回覆電子郵件、開小會、回電。（其實，我們建議你在電話上錄一段語音訊息，內容如下：「我現在沒空，但是我通常在十一點到十二點之間回電話，所以有事請留言，到時候我會回電。」）

緩衝時間塊讓你在處理行政工作上更有效率，並且讓你在重要的時間不受干擾，以免降低你的效率。

花幾分鐘的時間，思考一下一週工作時間表中可能包含在緩衝時間塊中的低價值行動：

▶ 緩衝時間塊的活動

1. ....

2. ....

3. ....

4. ....

抽離時間塊

抽離時間塊的時間長度也是三個小時。它們被安排在一週的正常工作時間內，就像放個小假。在這個時間塊中，你可以離開辦公室，做些自己喜歡的事。只有一條規則，就是**不做或不討論工作**。你可以在星期四中午離開，去打場高爾夫球；你可以和配偶去享受一頓長長的午餐；你可以去看電影，你自己決定！

抽離時間塊給你一個重新**充電和養精蓄銳**的機會，讓你精神奕奕重新回去工作。它們是管理壓力和保持工作平衡的重要組成部分。

不過要提醒你一句：先把「高效週模板」上的各方面都做好。據我們所知，沒有人只安排抽離時間塊就能成功更上一層樓的！建議你在一切都正常，且執行情況良好之前，每個月只安排一次。

花一點時間寫下能幫助你抽離工作放鬆身心和充電的一些活動。

▶ **抽離時間塊的活動**

1. ....

2. ....

3. ....

4. ....

為了實施績效時間，請利用下面的空白週曆模板，將你的策略時間塊、緩衝時間塊和抽離時間塊安排在你想要的時段上，構建出理想的一週（這是你的高效週「模板」）。

你選擇如何利用你的時間，會對你的結果產生直接的影響，無論是在職業或個人方面都是。所有的事情都發生在時間的框架之下，如果你無法控制你的時間，你就不能控制你的工作。重新掌控你的每一天。下決心採用績效時間，你會在事業上和生活上有所突破。

接下來，你會看到空白的「高效週模板」（圖 6.1），供你用來安排績效時間塊和其他定期性的長期承諾。從你的策略時間塊開始填起，接著是緩衝時間塊，最後是抽離時間塊。再填上每週發生的其他重要活動。務必要在你的週曆上留下空

高效週模板

日期／時間	週日	週一	週二	週三	週四	週五	週六
7 a.m.							
8 a.m.							
9 a.m.							
10 a.m.							
11 a.m.							
12 p.m.							
1 p.m.							
2 p.m.							
3 p.m.							
4 p.m.							
5 p.m.							
6 p.m.							
7 p.m.							

圖 6.1 高效週模板。

白，包括用於執行策略時間塊以外的策略時間（見圖 6.2）。

請注意，每週責任會議與評分和印出當週計畫的時間，都放在星期一。在一週結束後和下週開始之前評分和做計畫，這點很重要。另外，還要留意在每一天開始的時候，花五分鐘時間檢查願景進度，規劃這一天。

將策略時間塊安排在一週之中通常活動或干擾最少的時候，也很有幫助。我們建議將策略時間塊安排在一週的前面幾天，萬一它被打斷了，你還可以重新安排。

正如哲學家愛默生（Ralph Waldo Emerson）所說的：「只要我們知道怎麼做，這一次和以往一樣都會很好。」日復一日的一致性是很好的，把一年十二週變成一種例行工作與模式，會讓你更容易與團隊成員配合。

	週日	週一	週二	週三	週四	週五	週六
7 a.m.		緩衝時間塊 週計畫	緩衝時間塊	緩衝時間塊	緩衝時間塊	緩衝時間塊	
8 a.m.		每週責任會議	策略時間塊	約見	開發新客戶	行政事務	
9 a.m.				約見			
10 a.m.		開發新客戶		開發新客戶			
11 a.m.		緩衝時間塊	緩衝時間塊		緩衝時間塊	緩衝時間塊	
12 p.m.			轉介午餐之約	緩衝時間塊			
1 p.m.		約見	約見	轉介午餐之約	約見		
2 p.m.		約見		約見	約見	第二與第四週抽離時間塊	
3 p.m.					約見		
4 p.m.		緩衝時間塊	緩衝時間塊	緩衝時間塊	緩衝時間塊		
5 p.m.							
6 p.m.							
7 p.m.							

圖 6.2 每週時間塊安排範本。

本章重點整理

□ 1 | 克服不適，願意改變

我們的客戶在更有效地利用時間所面臨的最大障礙就是不願意改變。參加我們現場活動研習會的人之中，有三分之二以上的人表示希望能更有效地利用自己的時間。然而，這些人當中有很大一部分的人不會採取任何不同的做法。

以不同的方式安排你的時間會產生相當大的不適。這不一定是好事或壞事。改變令人覺得不舒服。但事情就是這樣，克服它吧！如果你想要擁有目前沒有的東西，就不得不去做目前沒有做的事。如果你想要發揮最佳水準，就需要更有效地利用你的時間。

□ 2 | 使用時間塊

每一次在我主持的研習會上，總有些人激動萬分地告訴我，為什麼時間塊管理這個概念對他們不起作用。他們甚至在嘗試這個概念之前就已經說服自己，認定它不會起作用。這就好比你還沒有嘗過味道之前，就決定你不喜歡某一種食物。美國汽車大王亨利・福特（Henry Ford）說：「你認為自己行，或是認為自己不行，你都是對的！」

□ 3 | 即使不適，堅持一年十二週

改變你使用時間的方式很難，有時甚至是痛苦的。在你掌握這個概念之前，別輕易放棄。培養新的習慣和常規需要時間。你身上

的每一個細胞都想回到熟悉和舒適的狀態。堅持下去。掌握自主權，讓這些概念為你所用。承諾去用這套系統。

□ 4 ｜對安排好的時間毫不妥協

當人們開始用時間塊管理時間，往往會想要回到以前熟悉的方式，也因此往往會對自己安排好的時間塊有所妥協，特別是策略時間塊。不要這樣做！維持策略時間塊的神聖性。只用來從事戰略活動，不要重疊安排使用。在極少數的情況下，如果出現緊急情況，迫使你不得不放棄策略時間塊，請重新安排時間。把它重新排上日程，安排在同一天晚一點的時候，或在當週的後面幾天。

NOTE

CHAPTER 7

十二週的檢討與規劃

12 Week Year Review and Planning

在一年十二週結束的時候，你會做什麼？繼續前進！你已經花了相當多的時間和精力來置入一年十二週這套系統。不要浪費你的投資。花些時間來總結經驗教訓，並制定下一個十二週計畫。

當你完成一個一年十二週，是時候該慶祝成功、總結經驗教訓，並再次啟動了。一年十二週的執行週期是一套威力強大的流程，它讓你能夠調整自己的行動使之與意圖保持一致，並盡可能去實現最好的自己。本章將帶你全面檢討過去這十二週的情況，包括好的、壞的和醜陋的一面。這一章旨在提供寶貴的見解，促進學習，讓你以此為基礎去打造接下來的十二週。

要表現傑出，要有所突破，需要**執行力**，而不是一個新的想法。一個了不起的想法除非能夠付諸實行，否則沒有什麼價值。這就是「一年十二週」的意義，它是一套幫助你有效執行的系統。

奧運金牌泳將麥可・菲爾普斯（Michael Phelps）之所以厲害，並不是因為他知道某種訓練祕技，大多數一流的游泳選手都有機會碰到厲害的教練；反之，他吃對了食物，完成了每一趟的練習，並徹底執行了訓練計畫，這使他變得厲害。他所贏得的每一面奧運獎牌都在證明他的執行力有多卓越。

一年十二週不是行銷或減重的新點子，它是一套改變你思維方式和行動方式的系統，幫助你採取行動，做你需要做的事，才能有所成就——它是大幅提高我們執行力的系統。它不僅是一套執行系統，也是一套學習系統。每十二週的目的都是用以掌握你所學到的經驗，再將你所學到的這些納入下一個十二週計畫中。

為了有效掌握過去十二週所學到的經驗，請安排兩個小時不受干擾的的時間塊，讓自己可以集中精力，心無旁鶩。在進入下面的章節之前，先收集最近一次的一年十二週計畫，以及每週計畫和評分卡。一旦收集到所需要的資料，撥出足夠的時間後，我們就來一步步進行一年十二週檢討與計畫。

十二週的回顧

首先，要對剛結束的一年十二週做一番全面性的檢討。全面且誠實探討自己的結果，有助你確定哪些方面是有效的，哪些地方還可以改進。

結果與執行力

評量是與現實之間的連結，它讓你知道自己做得如何，亦即你的行為如何影響這個世界。評量標準為你提供重要的訊

十二週目標	執行進度											
目標 #1	目標沒有實質進展	1	2	3	4	5	6	7	8	9	10	目標完成
目標 #2	目標沒有實質進展	1	2	3	4	5	6	7	8	9	10	目標完成
目標 #3	目標沒有實質進展	1	2	3	4	5	6	7	8	9	10	目標完成

執行力						
第 1 週 ______	第 2 週 ______	第 3 週 ______	第 4 週 ______	第 5 週 ______	第 6 週 ______	12 週 平均分數 ______
第 7 週 ______	第 8 週 ______	第 9 週 ______	第 10 週 ______	第 11 週 ______	第 12 週 ______	

息，是你做出明智且有成效的決策所需要的要素。檢討的第一部分，你要記錄自己的結果與執行狀況。

每個目標都要標記出完成的百分比。舉例來說，如果你的第一個目標百分百完成，你就在 10 的圓圈處內打個勾。如果你只完成大約一半的目標，你就在 5 的地方打勾。接下來，檢討每一週的分數（如果你有分開的數據，就按目標一個個分開填，如果沒有，就填上每週的總評分）。

▶ **看看你的結果和你的執行狀況，你能得出什麼看法：哪些策略奏效，哪些沒有奏效？**

▶ **你的每週計畫和評分卡的平均成績是否達八〇%以上？如果沒有，你需要做些什麼不一樣的行動來達到這個標準？**

生活品質

「生活平衡」這個概念是一種幻想。我們誤以為我們多少可以在生活的各個層面：家庭、工作、配偶、健康、朋友和社會，花上同等的時間。這是不可能的事。即使做得到，我也懷疑它是否能帶來保證會有的快樂和充實感。

與其尋求生活的平衡，我們建議你去追求**有意的不平衡**。

人生當中總會有這樣的時候（如果你喜歡，也可以說是季節），你決定花更多的時間在這一方面，而不是那一方面。這樣做並沒有什麼不妥。關鍵在於它是刻意的，是出於你的有意為之。

在這一節中，你要針對生活的六大關鍵層面提供一個大致的印象。做完這個部分之後，再針對每一方面的滿意度去評分。然後用箭頭指出滿意度移動的方向，如果滿意度在下降，箭頭會指向左；如果滿意度在上升，則箭頭會指向右。

生活品質	評分											
心靈	精神空虛、沒有著落	1	2	3	4	5	6	7	8	9	10	生活與信仰一致
配偶／感情關係	關係緊張、不滿足	1	2	3	4	5	6	7	8	9	10	關係充滿活力、有愛且充實
家庭	缺乏優質時間和親密感	1	2	3	4	5	6	7	8	9	10	家庭生活美滿且有意義
事業	無法掌控、缺乏方向、感到挫敗	1	2	3	4	5	6	7	8	9	10	事業蒸蒸日上且充實
個人	沒有自己的時間、沒有成長、停滯不前	1	2	3	4	5	6	7	8	9	10	充滿活力與熱情、勇於迎接生活挑戰
健康	身體狀況不佳、不健康	1	2	3	4	5	6	7	8	9	10	身體狀況極佳，健康良好

▶ 哪些方面令你感到滿意？

▶ 接下來的十二週，你想要在哪些方面有所改善？

成功的紀律

接下來的表格代表成功的基本紀律修練。成功的紀律有五項：願景、規劃、追蹤管理、評量和時間利用。學習如何有效充分利用這些紀律會為你帶來成就，且成就會越來越大。

為你在過去十二週之內對這些紀律的投入程度評分，檢討自己對這些紀律投入的程度，你有什麼感想？

成功的紀律	評分											
願景	與願景缺乏連結	1	2	3	4	5	6	7	8	9	10	願景與日常活動之間明確連結
規劃	沒有／未使用十二週計畫	1	2	3	4	5	6	7	8	9	10	打造並使用十二週計畫
追蹤管理	未能每週規劃、評分、參加責任會議	1	2	3	4	5	6	7	8	9	10	使用每週計畫、評分和參加責任會議
評量	未追蹤關鍵指標	1	2	3	4	5	6	7	8	9	10	有效管理領先和落後指標
時間利用	沒有安排策略、抽離、緩衝時間塊	1	2	3	4	5	6	7	8	9	10	有效使用時間塊管理系統

▸ 在接下來的十二週，你將致力於哪幾項紀律的充分修練？

突破

採用一年十二週，每十二週都是一個新的開始、新的機會，可以從過去的經驗中學習，大力運用所學到的這些經驗，成就更了不起的大事。在最後這個部分，我們想跟你一起思考在接下來的十二週裡要如何行動才能有所突破。

▶ 講講你在過去十二週最重要的成就：

▶ 為了讓你在過去十二週取得的成果翻倍，你的思維需要如何改變？

▶ 在接下來的十二週，你需要採取哪些新的行動，才能有所突破？

當你完成一年十二週的檢討，準備好要打造一份新的十二週計畫，請在日程表上排出幾個小時來執行這個過程。不要等待開始。你的第二個一年十二週即將到來，不要失去過去十二週累積的所有動力，要在這個基礎上再接再厲！

NOTE

CHAPTER 8

面對事實（選填）

Confront the Truth (Optional Section)

這章可自行選擇是否閱讀，其實成功也是取決於你！

一年十二週中的每一週都是一個機會，不是前進，就是後退。選擇權在你手中。

如果你想實現你的十二週目標，學會面對自己每一週表現的事實非常重要。如果你做到每一週都為自己打分數，並且針對十二週目標中定下的每一個目標，至少追蹤一個領先指標和一個落後指標，你就確保了自己每週都會有所進步，並且大幅提高你在這十二週成功的機率。

當你對自己的目標擁有自主權，這種自主性就會體現在你的行動之中。顯示你對自己的計畫擁有自主權的行動是：（一）每一週持續不斷地給自己打分數，（二）按照書面的週計畫工作，以及（三）參加每週責任會議，找你的同儕、輔導員或責任會議成員都可以。

自主意識再上一層樓則可透過如何有效面對事實來證明。具體而言，**你需要正視自己執行力的事實**。每個星期你都有一個選擇：做好工作取得更好的成績，還是避免不適和工作。就是這麼簡單，也可以說就這麼難。

成就卓越並非仰賴思考，也不是一套複雜的過程。事實上，它的過程簡單得驚人。成就卓越的道路就是腳踏實地的去做，而這通常是不舒服的。

這是為什麼大多數人不去嘗試變得更好的原因，也是他們為什麼停止使用「一年十二週」的原因；對他們來說，**舒適比成功更重要。**

別讓這句話說中你。不要滿足於在自己力所能及以下的目標。如果你對自己的十二週目標，以及完成你能力所能及的事情是認真的，就要學會每週**面對事實**，並採取必要的行動來實現你的目標。

接下來的幾頁你可以稱之為每週「面對事實」工作表。它們結合你每週的得分和你在實現目標方面的進展，提示你採取行動、繼續進行，或是重新步上正軌。它們將幫助你（和你的當責夥伴）判斷自己在一年十二週之中所處的情況，評估自己需要做什麼。這份工作表會占用你約十到二十分鐘的時間，但是如果你做了，可以確定自己需要採取哪些行動，才能在接下來的一週做得更好。

如果你發現自己每週無法投入這麼多的時間，可以考慮改成每四週檢討一次進度。

為了幫助你投入每週「面對事實」的過程，以下提供一個範例會有所幫助。

十二週的執行數據

背景：

- 假設現在是第七週的週一早上，你正在檢查第六週的執行結果。
- 你的十二週目標是「賺取 36 萬元的收入」。
- 為了這個目標，你追蹤的領先指標是：**每週責任會議**。
- 週目標的領先指標是：每週 10 場會議（整個一年十二週是 120 場會議）。
- 為了這個目標，你追蹤的落後指標是：**收入**。
- 週目標的落後指標是：3 萬元（十二週為 36 萬元）。

請看下頁的工作表範例。

執行力檢核表（範例）

上週執行力得分			
上週執行力得分	75%	迄今的執行力平均分數	55%
上週領先指標和落後指標			
領先指標		落後指標	
實際達成／目標	8／10	實際達成／目標	12 萬／18 萬
實質累計／目標累計	42／60		

每週評分和領先／落後趨勢

開始時分數很低，但是越來越好，我比以前更能掌握策略時間塊了。

有待解決的風險／問題／差距

會議場數一直不多，必須主動增加活動。

每次結束時需要開口要求更多人轉介推薦！

績效不佳的原因

未能持續不斷執行轉介策略，因此沒有熱客戶*可拜訪，無法做更多會談後續追蹤。

必須多練習談話技巧，並主動開口要求！

本週承諾的行動

每場會議都要求轉介—每週二兩點到四點和每週四八點到十點之間練習談話技巧。

請輔導員針對我的轉介談話提供回饋。

面對你的事實

現在是你面對自己真相的時候了。準備做這個練習時，你需要收集與上一節中所舉例子一樣的資料。

你需要的如下：

- 迄今為止完成的十二週週計畫
- 每週的領先指標和落後指標評量數字
- 你為每週目標（為了達成十二週的目標，每週需要達成的數字）設定追蹤的每一個領先和落後指標數字。

請使用以下的空白檢核表，讓我們開始吧！

* 熱客戶：Warm leads，指對你販售的商品或服務有興趣且有意購買的潛在客戶。

NOTE

第 1 週執行力檢核表

目標：			
上週執行力得分（如果目標不只一個，每個目標請填寫一份。）			
上週執行力得分		迄今的執行力平均分數	
上週領先指標和落後指標（如果領先或落後指標不只一個，每項指標都需要填寫）			
領先指標		落後指標	
實際達成／目標		實際達成／目標	
實質累計／目標累計			

▶ 每週的評分和領先／落後趨勢

▶ 有待解決的風險／問題／差距

▶ 績效不佳（一定要找出你逃避執行的策略）

▶ 本週承諾的行動

第 2 週執行力檢核表

<table>
<tr><td colspan="4">目標：</td></tr>
<tr><td colspan="4">上週執行力得分
（如果目標不只一個，每個目標請填寫一份。）</td></tr>
<tr><td>上週執行力得分</td><td></td><td>迄今的執行力平均分數</td><td></td></tr>
<tr><td colspan="4">上週領先指標和落後指標
（如果領先或落後指標不只一個，每項指標都需要填寫）</td></tr>
<tr><td colspan="2">領先指標</td><td colspan="2">落後指標</td></tr>
<tr><td>實際達成／目標</td><td></td><td>實際達成／目標</td><td></td></tr>
<tr><td>實質累計／目標累計</td><td></td><td></td><td></td></tr>
</table>

▶ 每週的評分和領先／落後趨勢

▶ 有待解決的風險／問題／差距

▶ 績效不佳（一定要找出你逃避執行的策略）

▶ 本週承諾的行動

第 3 週執行力檢核表

目標：			
上週執行力得分 （如果目標不只一個，每個目標請填寫一份。）			
上週執行力得分		迄今的執行力平均分數	
上週領先指標和落後指標 （如果領先或落後指標不只一個，每項指標都需要填寫）			
領先指標		落後指標	
實際達成／目標		實際達成／目標	
實質累計／目標累計			

▶ 每週的評分和領先／落後趨勢

▶ 有待解決的風險／問題／差距

▶ 績效不佳（一定要找出你逃避執行的策略）

▶ 本週承諾的行動

第 4 週執行力檢核表

<table>
<tr><td colspan="4">目標：</td></tr>
<tr><td colspan="4">上週執行力得分
（如果目標不只一個，每個目標請填寫一份。）</td></tr>
<tr><td>上週執行力
得分</td><td></td><td>迄今的執行力
平均分數</td><td></td></tr>
<tr><td colspan="4">上週領先指標和落後指標
（如果領先或落後指標不只一個，每項指標都需要填寫）</td></tr>
<tr><td colspan="2">領先指標</td><td colspan="2">落後指標</td></tr>
<tr><td>實際達成／目標</td><td></td><td>實際達成／目標</td><td></td></tr>
<tr><td>實質累計／目標累計</td><td></td><td></td><td></td></tr>
</table>

▶ 每週的評分和領先／落後趨勢

▶ 有待解決的風險／問題／差距

▶ 績效不佳（一定要找出你逃避執行的策略）

▶ 本週承諾的行動

第 5 週執行力檢核表

目標：			
上週執行力得分 （如果目標不只一個，每個目標請填寫一份。）			
上週執行力得分		迄今的執行力平均分數	
上週領先指標和落後指標 （如果領先或落後指標不只一個，每項指標都需要填寫）			
領先指標		落後指標	
實際達成／目標		實際達成／目標	
實質累計／目標累計			

▶ 每週的評分和領先／落後趨勢

▶ 有待解決的風險／問題／差距

▶ 績效不佳（一定要找出你逃避執行的策略）

▶ 本週承諾的行動

第 6 週執行力檢核表

目標：

上週執行力得分 （如果目標不只一個，每個目標請填寫一份。）			
上週執行力得分		迄今的執行力平均分數	
上週領先指標和落後指標 （如果領先或落後指標不只一個，每項指標都需要填寫）			
領先指標		落後指標	
實際達成 / 目標		實際達成 / 目標	
實質累計 / 目標累計			

▶ 每週的評分和領先／落後趨勢

▶ 有待解決的風險／問題／差距

▶ 績效不佳（一定要找出你逃避執行的策略）

▶ 本週承諾的行動

第 7 週執行力檢核表

<table>
<tr><td colspan="4">目標：</td></tr>
<tr><td colspan="4">上週執行力得分
（如果目標不只一個，每個目標請填寫一份。）</td></tr>
<tr><td>上週執行力得分</td><td></td><td>迄今的執行力平均分數</td><td></td></tr>
<tr><td colspan="4">上週領先指標和落後指標
（如果領先或落後指標不只一個，每項指標都需要填寫）</td></tr>
<tr><td colspan="2">領先指標</td><td colspan="2">落後指標</td></tr>
<tr><td>實際達成／目標</td><td></td><td>實際達成／目標</td><td></td></tr>
<tr><td>實質累計／目標累計</td><td></td><td></td><td></td></tr>
</table>

▶ 每週的評分和領先／落後趨勢

▶ 有待解決的風險／問題／差距

▶ 績效不佳（一定要找出你逃避執行的策略）

▶ 本週承諾的行動

第 8 週執行力檢核表

目標：			
上週執行力得分 （如果目標不只一個，每個目標請填寫一份。）			
上週執行力得分		迄今的執行力平均分數	
上週領先指標和落後指標 （如果領先或落後指標不只一個，每項指標都需要填寫）			
領先指標		落後指標	
實際達成／目標		實際達成／目標	
實質累計／目標累計			

- 每週的評分和領先／落後趨勢

-

- 有待解決的風險／問題／差距

-

- 績效不佳（一定要找出你逃避執行的策略）

-

- 本週承諾的行動

第 9 週執行力檢核表

目標：

上週執行力得分 （如果目標不只一個，每個目標請填寫一份。）			
上週執行力得分		迄今的執行力平均分數	
上週領先指標和落後指標 （如果領先或落後指標不只一個，每項指標都需要填寫）			
領先指標		**落後指標**	
實際達成／目標		實際達成／目標	
實質累計／目標累計			

- 每週的評分和領先／落後趨勢

- 有待解決的風險／問題／差距

- 績效不佳（一定要找出你逃避執行的策略）

- 本週承諾的行動

第 10 週執行力檢核表

目標：

上週執行力得分 （如果目標不只一個，每個目標請填寫一份。）			
上週執行力得分		迄今的執行力平均分數	
上週領先指標和落後指標 （如果領先或落後指標不只一個，每項指標都需要填寫）			
領先指標		落後指標	
實際達成 / 目標		實際達成 / 目標	
實質累計 / 目標累計			

▶ 每週的評分和領先／落後趨勢

....

....

....

▶ 有待解決的風險／問題／差距

....

....

....

▶ 績效不佳（一定要找出你逃避執行的策略）

....

....

....

▶ 本週承諾的行動

....

....

....

第 11 週執行力檢核表

目標：			
上週執行力得分 （如果目標不只一個，每個目標請填寫一份。）			
上週執行力得分		迄今的執行力平均分數	
上週領先指標和落後指標 （如果領先或落後指標不只一個，每項指標都需要填寫）			
領先指標		落後指標	
實際達成 / 目標		實際達成 / 目標	
實質累計 / 目標累計			

▶ 每週的評分和領先／落後趨勢

▶ 有待解決的風險／問題／差距

▶ 績效不佳（一定要找出你逃避執行的策略）

▶ 本週承諾的行動

第 12 週執行力檢核表

目標：			
上週執行力得分 （如果目標不只一個，每個目標請填寫一份。）			
上週執行力得分		迄今的執行力平均分數	
上週領先指標和落後指標 （如果領先或落後指標不只一個，每項指標都需要填寫）			
領先指標		落後指標	
實際達成／目標		實際達成／目標	
實質累計／目標累計			

▶ 每週的評分和領先／落後趨勢

▶ 有待解決的風險／問題／差距

▶ 績效不佳（一定要找出你逃避執行的策略）

▶ 本週承諾的行動

CHAPTER 9

開始一年十二週計畫

12 Week Year Game Plan

這章包含一份十二週計畫模板和十三份週計畫。

一年十二週開始的時候，請用計畫模板來記錄你的目標以及實現這些目標所需的策略。務必要將每項策略預計第幾週完成納入其中。

在每個星期的開始，使用「週計畫」將一年十二週計畫中應完成的策略列出來。如有時間已過但仍然有關的策略，也請列入你的週計畫中。前幾週應該完成的策略，或時間還沒到的策略，則**不**納入週計畫中。

準備好你的週計畫後，就隨身攜帶，每天按照計畫執行。

如果你想要多幾份，請掃描以下 QRcode 下載免費的 PDF 檔案。

https://academy.12weekyear.com/fieldguide/

一年十二週計畫

十二週目標

目標 1：

關鍵行動／策略	預計完成週數
1	
2	
3	
4	
5	
6	

目標 2：

關鍵行動／策略	預計完成週數
1	
2	
3	
4	
5	
6	

目標 3：

關鍵行動／策略	預計完成週數
1	
2	
3	
4	
5	
6	

目標 4：

關鍵行動／策略	預計完成週數
1	
2	
3	
4	
5	
6	

目標 5：

關鍵行動／策略	預計完成週數
1	
2	
3	
4	
5	
6	

目標 6：

關鍵行動／策略	預計完成週數
1	
2	
3	
4	
5	
6	

評分卡

100%
90%
80%
70%
60%
50%
40%
30%
20%
10%
0%

第1週	第2週	第3週	第4週	第5週	第6週	第7週	第8週	第9週	第10週	第11週	第12週	第13週

第 1 週計畫與評分卡

目標：

關鍵行動／策略 關鍵行動與預計完成的時間	執行者	執行日
1		
2		
3		
4		
5		

時間塊 訂出本週的時間塊	時間
策略時間塊	
緩衝時間塊	

如果沒有執行計畫，擁有抱負或願望也毫無意義。

——無名氏

每週評分卡

完成的策略／策略總數 ×100= 你的執行力百分比

____ ÷ ____ ×100= ______ %

©Copyright 2013 The 12 Week Year. All rights reserved. No part of this material may be reproduced in any form or by any means, without written permission.

第 2 週計畫與評分卡

目標：

關鍵行動／策略 關鍵行動與預計完成的時間	執行者	執行日
1		
2		
3		
4		
5		

時間塊 訂出本週的時間塊	時間
策略時間塊	
緩衝時間塊	

如果沒有執行計畫，擁有抱負或願望也毫無意義。

——無名氏

每週評分卡

完成的策略／策略總數 ×100= 你的執行力百分比

___ ÷ ___ ×100= _____%

©Copyright 2013 The 12 Week Year. All rights reserved. No part of this material may be reproduced in any form or by any means, without written permission.

第 3 週計畫與評分卡

目標：

關鍵行動／策略 關鍵行動與預計完成的時間	執行者	執行日
1		
2		
3		
4		
5		

時間塊 訂出本週的時間塊	時間
策略時間塊	
緩衝時間塊	

如果沒有執行計畫，擁有抱負或願望也毫無意義。

——無名氏

每週評分卡

完成的策略／策略總數 ×100= 你的執行力百分比

___ ÷ ___ ×100= _____ %

©Copyright 2013 The 12 Week Year. All rights reserved. No part of this material may be reproduced in any form or by any means, without written permission.

第 4 週計畫與評分卡

目標：

關鍵行動／策略 關鍵行動與預計完成的時間	執行者	執行日
1		
2		
3		
4		
5		

時間塊 訂出本週的時間塊	時間
策略時間塊	
緩衝時間塊	

如果沒有執行計畫，擁有抱負或願望也毫無意義。

——無名氏

每週評分卡

完成的策略／策略總數 ×100= 你的執行力百分比

___ ÷ ___ ×100= _____ %

©Copyright 2013 The 12 Week Year. All rights reserved. No part of this material may be reproduced in any form or by any means, without written permission.

第 5 週計畫與評分卡

目標：

關鍵行動／策略 關鍵行動與預計完成的時間	執行者	執行日
1		
2		
3		
4		
5		

時間塊 訂出本週的時間塊	時間
策略時間塊	
緩衝時間塊	

如果沒有執行計畫，擁有抱負或願望也毫無意義。

——無名氏

每週評分卡

完成的策略／策略總數 ×100= 你的執行力百分比

___ ÷ ___ ×100= _____ %

©Copyright 2013 The 12 Week Year. All rights reserved. No part of this material may be reproduced in any form or by any means, without written permission.

第 2 週計畫與評分卡

目標：

關鍵行動／策略 關鍵行動與預計完成的時間	執行者	執行日
1		
2		
3		
4		
5		

時間塊 訂出本週的時間塊	時間
策略時間塊	
緩衝時間塊	

如果沒有執行計畫，擁有抱負或願望也毫無意義。

——無名氏

每週評分卡

完成的策略／策略總數 ×100= 你的執行力百分比

___ ÷ ___ ×100= _____ %

©Copyright 2013 The 12 Week Year. All rights reserved. No part of this material may be reproduced in any form or by any means, without written permission.

第 7 週計畫與評分卡

目標：

關鍵行動／策略 關鍵行動與預計完成的時間	執行者	執行日
1		
2		
3		
4		
5		

時間塊 訂出本週的時間塊	時間
策略時間塊	
緩衝時間塊	

如果沒有執行計畫，擁有抱負或願望也毫無意義。

——無名氏

每週評分卡

完成的策略／策略總數 ×100= 你的執行力百分比

___ ÷ ___ ×100= _____ %

©Copyright 2013 The 12 Week Year. All rights reserved. No part of this material may be reproduced in any form or by any means, without written permission.

第 8 週計畫與評分卡

目標：

關鍵行動／策略 關鍵行動與預計完成的時間	執行者	執行日
1		
2		
3		
4		
5		

時間塊 訂出本週的時間塊	時間
策略時間塊	
緩衝時間塊	

如果沒有執行計畫，擁有抱負或願望也毫無意義。

——無名氏

每週評分卡

完成的策略／策略總數 ×100= 你的執行力百分比

__ ÷ __ ×100= ____ %

©Copyright 2013 The 12 Week Year. All rights reserved. No part of this material may be reproduced in any form or by any means, without written permission.

第 9 週計畫與評分卡

目標：

關鍵行動／策略 關鍵行動與預計完成的時間	執行者	執行日
1		
2		
3		
4		
5		

時間塊 訂出本週的時間塊	時間
策略時間塊	
緩衝時間塊	

如果沒有執行計畫，擁有抱負或願望也毫無意義。

——無名氏

©Copyright 2013 The 12 Week Year. All rights reserved. No part of this material may be reproduced in any form or by any means, without written permission.

第 10 週計畫與評分卡

目標：

關鍵行動／策略 關鍵行動與預計完成的時間	執行者	執行日
1		
2		
3		
4		
5		

時間塊 訂出本週的時間塊	時間
策略時間塊	
緩衝時間塊	

如果沒有執行計畫，擁有抱負或願望也毫無意義。

——無名氏

每週評分卡

完成的策略／策略總數 ×100= 你的執行力百分比

___ ÷ ___ ×100= _____ %

©Copyright 2013 The 12 Week Year. All rights reserved. No part of this material may be reproduced in any form or by any means, without written permission.

第 11 週計畫與評分卡

目標：

關鍵行動／策略 關鍵行動與預計完成的時間	執行者	執行日
1		
2		
3		
4		
5		

時間塊 訂出本週的時間塊	時間
策略時間塊	
緩衝時間塊	

如果沒有執行計畫，擁有抱負或願望也毫無意義。

——無名氏

每週評分卡

完成的策略／策略總數 ×100= 你的執行力百分比

___ ÷ ___ ×100= _____ %

©Copyright 2013 The 12 Week Year. All rights reserved. No part of this material may be reproduced in any form or by any means, without written permission.

第 12 週計畫與評分卡

目標：

關鍵行動／策略 關鍵行動與預計完成的時間	執行者	執行日
1		
2		
3		
4		
5		

時間塊 訂出本週的時間塊	時間
策略時間塊	
緩衝時間塊	

如果沒有執行計畫，擁有抱負或願望也毫無意義。

——無名氏

每週評分卡

完成的策略／策略總數 ×100= 你的執行力百分比

____ ÷ ____ ×100= _____ %

©Copyright 2013 The 12 Week Year. All rights reserved. No part of this material may be reproduced in any form or by any means, without written permission.

第 13 週計畫與評分卡

目標：

關鍵行動／策略 關鍵行動與預計完成的時間	執行者	執行日
1		
2		
3		
4		
5		

時間塊 訂出本週的時間塊	時間
策略時間塊	
緩衝時間塊	

如果沒有執行計畫，擁有抱負或願望也毫無意義。

——無名氏

每週評分卡

完成的策略／策略總數 ×100= 你的執行力百分比

___ ÷ ___ ×100= _____ %

©Copyright 2013 The 12 Week Year. All rights reserved. No part of this material may be reproduced in any form or by any means, without written permission.

結　語　Conclusion

這些就是全部內容了。如果你已經讀到了這裡，表示你已經準備好正式執行一年十二週計畫了。

恭喜你，並歡迎你加入這個正在不斷壯大的一年十二週實踐者社群。現在，好事即將發生。

你有一個願景和十二週的目標。你有一份十二週行動計畫來實現這些目標。你還有週計畫模板，讓你在這十二週之中的每一週都能按部就班進行。

剩下的就是讓自己埋首沉浸在這套系統的能量和焦點中。不要在沒有計畫的情況下展開一週。不要在沒有評分的情況下結束一週。要有勇氣面對自己的表現不佳，從中學習。

愛迪生（Thomas Edison）說過，「如果我們能夠盡力而為，我們的表現真的會讓自己大吃一驚。」你有能力成就了不起的大事！ 你**現在**就具備成就傑出所需要的一切。不要再等待變得傑出，現在就開始行動：擬定你的第一份週計畫，開始去執行。在很短的時間之內，你會對自己思維、行動和結果的變化感到驚訝。

祝你的十二週表現驚人！

NOTE

NOTE

NOTE

NOTE

NOTE

NOTE

NOTE

NOTE

NOTE

翻轉學 139

12 週做完一年工作・實踐版

建立屬於你的 12 週計畫

The 12 Week Year Field Guide

作者	布萊恩・莫蘭（Brian P. Moran）、麥可・列寧頓（Michael Lennington）
譯者	夏荷立
封面設計	萬勝安
內頁排版	theBAND・變設計— Ada
責任編輯	洪尚鈴
行銷企劃	蔡雨庭、黃安汝
出版一部總編輯	紀欣怡

出版發行	采實文化事業股份有限公司
業務發行	張世明・林踏欣・林坤蓉・王貞玉
國際版權	劉靜茹
印務採購	曾玉霞
會計行政	李韶婉・許俽瑀・張婕莛
法律顧問	第一國際法律事務所　余淑杏律師
電子信箱	acme@acmebook.com.tw
采實官網	www.acmebook.com.tw
采實臉書	www.facebook.com/acmebook01

ISBN	978-626-349-842-6
定價	330 元
初版一刷	2024 年 12 月
劃撥帳號	50148859
劃撥戶名	采實文化事業股份有限公司

104 臺北市中山區南京東路二段 95 號 9 樓
電話：(02)2511-9798　傳真：(02)2571-3298

國家圖書館出版品預行編目資料

12 週做完一年工作 : 建立屬於你的十二週計畫 / 布萊恩 . 莫蘭 (Brian P. Moran), 麥可 . 列寧頓 (Michael Lennington) 作 ; 夏荷立譯 . -- 初版 . -- 臺北市 : 采實文化事業股份有限公司 , 2024.12　面；　公分 . -- (翻轉學 ; 139)
實踐版
譯自 : The 12 week year field guide.
ISBN 978-626-349-842-6(平裝)

1.CST: 職場成功法 2.CST: 工作效率 3.CST: 時間管理

494.35　113015368

The 12 Week Year Field Guide
Copyright © 2018 by Brian P. Moran and Michael Lennington
Published by John Wiley & Sons, Inc., Hoboken, New Jersey.
Traditional Chinese edition copyright ©2024 by ACME Publishing Co., Ltd.
All rights reserved.

版權所有，未經同意不得
重製、轉載、翻印